Stefanie Christina Fleck

In vitro-Studien zum genotoxischen Potential und zum Metabolismus von Mykotoxinen mit Resorcylsäurelakton- und Perylenchinon-Struktur

In vitro-Studien zum genotoxischen Potential und zum Metabolismus von Mykotoxinen mit Resorcylsäurelakton- und Perylenchinon-Struktur

In vitro-Studien zum genotoxischen Potential und zum Metabolismus von Mykotoxinen mit Resorcylsäurelakton- und Perylenchinon-Struktur

von
Stefanie Christina Fleck

Dissertation, Karlsruher Institut für Technologie (KIT)
Fakultät für Chemie und Biowissenschaften
Tag der mündlichen Prüfung: 20. Dezember 2013

Impressum

Scientific
Publishing

Karlsruher Institut für Technologie (KIT)
KIT Scientific Publishing
Straße am Forum 2
D-76131 Karlsruhe

KIT Scientific Publishing is a registered trademark of Karlsruhe
Institute of Technology. Reprint using the book cover is not allowed.

www.ksp.kit.edu

Print on Demand 2014

ISBN 978-3-7315-0192-3
DOI: 10.5445/KSP/1000039461

In vitro-Studien zum genotoxischen Potential und zum Metabolismus von Mykotoxinen mit Resorcylsäurelakton- und Perylenchinon-Struktur

Zur Erlangung des akademischen Grades eines

DOKTORS DER NATURWISSENSCHAFTEN

(Dr. rer. nat.)

Fakultät für Chemie und Biowissenschaften

Karlsruher Institut für Technologie (KIT) – Universitätsbereich

genehmigte

DISSERTATION

von

Diplom-Lebensmittelchemikerin

Stefanie Christina Fleck

aus

Neuenbürg

Dekan: Prof. Dr. Peter Roesky

Referent: Prof. Dr. Dr. Manfred Metzler

Korreferent: Prof. Dr. Andrea Hartwig

Tag der mündlichen Prüfung: 20.12.2013

Für meine Familie.

Inhaltsverzeichnis

Abkürzungsverzeichnis

8-Oxo-dG	8-Oxo-7,8-dihydro-2'-desoxyguanosin
A	Adenin
ACN	Acetonitril
ADI	„acceptable daily intake"
AOH	Alternariol
ALT	Altenuen
ALTCH	Alteichin
AME	Alternariolmonomethylether
AP	Alkalische Phosphatase
AP-Stelle	Apurine/apyrimidine Stelle
ATX	Altertoxin
AU	„alkaline unwinding"
BfR	Bundesinstitut für Risikobewertung
BSA	Rinderserumalbumin
BSO	Buthioninsulfoximin
C	Cytosin
CENP-F	Centromerprotein F
CoA	Coenzym A
COMT	Catechol-*O*-methyltransferase
CREB	„cAMP response element-binding protein"
CYP	Cytochrom P450-haltige Monooxygenase
dA	Desoxyadenosin
DAD	Diodenarraydetektor
DAPI	4',6-Diamidin-2-phenylindol
dC	Desoxycytidin
dG	Desoxyguanosin
dGMP	Desoxyguanosinmonophosphat
DMEM	„Dulbecco's modified Eagle medium"
DMEM/F12	„Dulbecco's modified Eagle medium Nutrient Mixture F12"
DMF	Dimethylformamid

DMSO	Dimethylsulfoxid
DNA	Desoxyribonukleinsäure
DNase	Desoxyribonuklease
DTNB	5,5'-Dithiobis-2-nitrobenzoesäure
dsDNA	doppelsträngige DNA
DSMZ	Deutsche Sammlung von Mikroorganismen und Zellkulturen
dT	Desoxythymidin
DTT	Dithiothreitol
E1	Estron
E2	Estradiol
EC$_{50}$	„effective concentration 50%"
EFSA	„European Food Safety Authority", Europäische Behörde für Lebensmittelsicherheit
EG/EC	„European Community", Europäische Gemeinschaft
EHC	enterohepatischer Kreislauf
ER	Estrogenrezeptor
ESI	Elektrosprayionisierung
EtOH	Ethanol
EU	Europäische Union
EWG	Europäische Wirtschaftsgemeinschaft
FKS	fötales Kälberserum
G	Guanin
GSH/GSSG	Glutathion reduziert/oxidiert
GST	Glutathion-*S*-Transferase
HBSS	„Hank's buffered salt solution"
HO	Hydroxy-
HPLC	„high performance liquid chromatography", Hochleistungsflüssigchromatographie
HPRT	Hypoxanthin-Phosphoribosyltransferase
HSD	Hydroxysteroid-Dehydrogenase
iALT	Isoaltenuen
IARC	„International Agency for Research on Cancer"
IBX	*o*-Iodoxybenzoesäure

IC$_{50}$	„inhibitory concentration 50%"
JECFA	„Joint Expert Committee on Food Additives"
k-DNA	Kinetoplasten-DNA
KG	Körpergewicht
KPP	Kaliumphosphat-Puffer
LC	„liquid chromatography", Flüssigchromatographie
LD$_{50}$	letale Dosis 50%
LK	Lösemittelkontrolle
LOAEL	„lowest observed adverse effect level"
LOEL	„lowest observed effect level"
ME	Mercaptoethanol
MeO	Methoxy-
MeOH	Methanol
MS	Massenspektrometrie
MTT	3-(4,5-Dimethylthiazol-2-yl)-2,5-diphenyltetrazoliumbromid
m/z	Masse-zu-Ladungsverhältnis
NAC	*N*-Acetylcystein
NAD(P)H	Nicotinamidadenindinukleotid(phosphat), reduzierte Form
NHEL	„no hormone effect level"
NK	Negativkontrolle
NMR	„nuclear magnetic resonance", Kernspinresonanz
NOAEL	„no observed adverse effect level"
NQO	4-Nitrochinolin-*N*-oxid
NTP	„National Toxicology Program"
P$_{app}$	scheinbarer Permeabilitätskoeffizient
PBS	phosphatgepufferte Salzlösung
PDA	„Potato-Dextrose-Agar"
PDE	Phosphodiesterase
PKA	Proteinkinase A
PMSF	Phenylmethylsulfonylfluorid
p.o.	per os
Pol	DNA-Polymerase

RFU	relative Fluoreszenzeinheit
RL	Richtlinie
RLC	Rattenlebercytosol
RLM	Rattenlebermikrosomen
RNAi	Ribonukleinsäure-Interferenz
ROS	reaktive Sauerstoffspezies
S9	„supernatant 9000 g"
SCF	„Scientific Committee on Food"
SCOOP	Scientific Cooperation
SD	Sprague Dawley
SDS	Natriumdodecylsulfat
SRM	„selected reaction monitoring"
ssDNA	einzelsträngige DNA
STTX	Stemphyltoxin
T	Thymin
TeA	Tenuazonsäure
TEER	transepithelialer elektrischer Widerstand
TDI	„tolerable daily intake"
TK	Thymidin-Kinase
Topo	Topoisomerase
TTC	„Threshold of toxicological concern"
UDPGA	Uridin-5'-diphosphoglucuronsäure
UDS	„unscheduled DNA synthesis", unplanmäßige DNA-Synthese
UGT	Uridin-5'-diphosphoglucuronyltransferase
UV	ultraviolett
WTO	„World Trade Organization", Welthandelsorganisation
YES	„Yeast-Extract-Sucrose"
ZAL	Zearalanol
ZAN	Zearalanon
ZEL	Zearalenol
ZEN	Zearalenon
ZKS	Zellkulturschale

1. Einleitung

Mykotoxine sind sekundäre Stoffwechselprodukte der ubiquitär vorkommenden Schimmelpilze und wirken bei Menschen und Tieren auf unterschiedliche Weise toxisch. Die heterogene Gruppe dieser filamentösen Pilze zählt taxonomisch zu den Ascomyceten (Schlauchpilzen) oder den Zygomyceten (Jochpilze). Wichtige Mykotoxin-produzierenden Schimmelpilzgattungen sind unter anderem *Alternaria, Aspergillus, Fusarium, Penicillium* und *Claviceps*. Die Mykotoxinbildung ist abhängig vom Nahrungsangebot, Temperatur, pH- sowie a_w-Wert und erfolgt je nach Art vor allem auf ölhaltigen Samen, Getreide, Obst und Gemüse oder auf bestimmten Baumaterialien. Dabei werden eine Primärkontamination auf dem Feld, eine Sekundärkontamination durch Lagerung und der Carry-over-Effekt über die Nahrungskette unterschieden (Didwania und Joshi, 2013). Die Kontamination von Lebens- und Futtermitteln stellt ein häufiges und weltweites Problem dar, da neben Ertragseinbußen auch eine Belastung für Mensch und Tier vorliegen kann. Viele Mykotoxine sind nach oraler oder inhalativer Aufnahme toxisch, manche auch kanzerogen, weshalb Untersuchungen zur Toxizität, Resorption und Metabolismus sowie Expositionsabschätzungen für eine Risikobewertung für den Verbraucher zwingend erforderlich sind. Neben den verbreiteten Mykotoxinen Aflatoxin B1, Ochratoxin A, Fumonisinen und Desoxynivalenol stellen das Resorcylsäurelakton Zearalenon sowie die heterogene Gruppe der *Alternaria*-Toxine für diese Arbeit wichtige Vertreter dar. Für beide Mykotoxin-Klassen konnte aufgrund mangelnder Daten bis jetzt noch keine abschließende Risikobewertung durch die Europäische Behörde für Lebensmittelsicherheit durchgeführt werden (EFSA, 2011a, b). Die vermehrte Kontamination mit diesen Mykotoxinen zeigt jedoch eine erst kürzlich durchgeführte Multi-Analyse von 139 verschiedenen Mykotoxinen in 83 natürlich kontaminierten Futtermittelproben wie Silage, Mais oder Weizen (Streit *et al.*, 2013). Die hohe Anzahl an positiven Proben für Zearalenon (87%) und für die *Alternaria*-Toxine Alternariol (80%), Alternariolmonomethylether (82%), Tenuazonsäure (65%) und Altertoxin I (42%) zeigt die Relevanz einer Kontrolle der Exposition gegenüber diesen Mykotoxinen im Sinne einer Risikominimierung. Im Folgenden soll daher zunächst der Stand der Forschung bezüglich der Toxizität, der Resorption und des Metabolismus sowie des Vorkommens und der daraus resultierenden Exposition für Zearalenon und für die *Alternaria*-Toxine zusammengefasst werden. Ziel dieser Arbeit war es, neue Erkenntnisse zur Genotoxizität und zum Metabolismus zu gewinnen und damit weitere Grundlagen für eine Risikobewertung zu schaffen.

Teil A: Zearalenon-Kongenere

A.1 Theoretische Grundlagen: Zearalenon-Kongenere

Zearalenon (ZEN, Abb. 1) ist ein nicht-steroidales, estrogenes Mykotoxin, das von verschiedenen Schimmelpilzen der Gattung *Fusarium*, darunter vor allem *F. graminearum (Gibberella zeae)* und *F. culmorum*, gebildet wird. Erstmals isoliert wurde ZEN aus Kulturen von *F. graminearum* aus verschimmeltem Mais, welcher zuvor als Futter für Schweine diente, bei denen daraufhin Symptome eines Hyperestrogenismus beobachtet werden konnte (Stob *et al.*, 1962). ZEN wird deshalb auch als Mykoestrogen bezeichnet, dessen Wirkung die anderer natürlicher, nicht-steroidaler Estrogene wie z.B. Soja- oder Rotklee-Isoflavone bei weitem übersteigt. Aufgrund dieser Eigenschaft erfolgt häufig ein Vergleich mit dem endogenen Steroidestrogen 17β-Estradiol (E2, Abb. 1). Durch Reduktion der Doppelbindung sowie der Ketogruppe von ZEN entsteht synthetisch das α-Zearalanol (Zeranol, α-ZAL, Abb. 1), welches eine noch stärkere estrogene Wirkung besitzt. Die Abkürzungen sowie die Nummerierung der Positionen folgt dem Vorschlag unseres Arbeitskreises (Metzler, 2011).

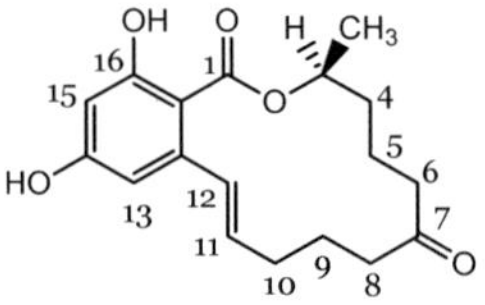

ZEN

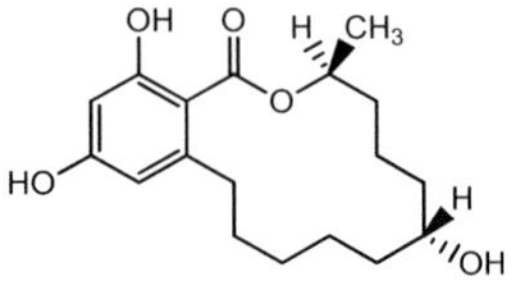

alpha-ZAL

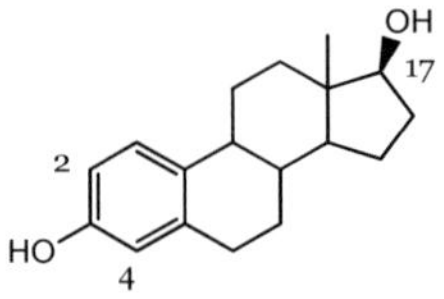

E2

Abb. 1: Strukturformeln von Zearalenon (ZEN), α-Zearalanol (α-ZAL) und des endogenen Estrogens 17β-Estradiol (E2).

Vorkommen von Zearalenon

Viele der toxinbildenden *Fusarium*-Spezies sind in erster Linie Pflanzenpathogene und für Ährenfusariose („*Fusarium* head blight") bei Weizen und Gerste oder Kolbenfäule bei Mais verantwortlich. Die Kontamination geschieht daher hauptsächlich auf dem Feld während der Blüte der Ähren, jedoch auch nach der Ernte unter schlechten Lagerungsbedingungen. Feuchtigkeit und gemäßigtes bis warmes Klima fördern das Wachstum dieser Schimmelpilze. Die Gehalte an ZEN unterliegen daher starken saisonalen Schwankungen. ZEN konnte ubiquitär in Mais, Weizen, Hafer, Gerste, Roggen, Stroh und Tierfutter mit Gehalten von 1-8000 µg/kg gefunden werden (Placinta *et al.*, 1999). In sogenannten *Fusarium*-Jahren, wie z.B. 1987 in Deutschland, wurden ebenfalls Höchstwerte bis zu 8 mg/kg und 80% positive Proben gemessen (Müller *et al.*, 1997). Mais stellt den Vertreter mit dem höchsten ZEN-Kontaminationsrisiko dar. In einer Studie zur Überwachung von kanadischem Getreide wurden für Mais zwischen 1986 und 1993 das häufigste Vorkommen und die höchsten Mengen an ZEN ermittelt. Geringer und nur gelegentlich kontaminiert waren Weizen, Gerste und Sojaprodukte (Scott, 1997). ZEN kommt jedoch meist zusammen mit anderen *Fusarium*-Toxinen vor. In Mais werden neben den Trichotecenen Desoxynivalenol und Nivalenol sowie den Fumonisinen auch von z.B. *Aspergillus flavus* gebildete Aflatoxine wie das kanzerogene Aflatoxin B_1 gefunden (Placinta *et al.*, 1999). Es handelt sich daher in den meisten Fällen um eine Mischexposition.

Kulturen von *F. graminearum* produzieren in geringem Ausmaß eine Reihe weiterer ZEN-assoziierter Metaboliten. Neben der Reduktion der Ketogruppe zu α-/β-Zearalenol (ZEL) und der Hydroxylierung an aliphatischen Positionen, konnte in unserem Arbeitskreis ZEN-11,12-epoxid und das entsprechende Diol nachgewiesen werden (Pathre *et al.*, 1980, Pfeiffer *et al.*, 2010b).

Auch die vom Schimmelpilz befallene Pflanze ist in der Lage die sekundären Stoffwechselprodukte chemisch zu verändern. Als solche Pflanzenmetaboliten oder „maskierte Mykotoxine" wurden vor allem Konjugate mit Glucose wie dem ZEN-4-*O*-β-D-glucopyranosid identifiziert. Da die Löslichkeit dadurch weitgehend verändert wird, werden solche Konjugate durch die klassischen analytischen Nachweismethoden nicht erfasst. Eine Konjugatspaltung kann jedoch nach der Aufnahme im Organismus erfolgen. Das Toxin wird somit wieder freigesetzt, was die Exposition gegenüber ZEN und seinen Kongeneren erhöht (Berthiller *et al.*, 2009).

<u>Herstellung und Verwendung von α-Zearalanol</u>

α-ZAL wird in den USA und Kanada unter dem Handelsnamen Ralgro® als Wachstumsförderer in der Schaf- und Rinderzucht eingesetzt. Großtechnisch wird es durch Hydrierung mit Raney-Nickel aus fermentativ gewonnenem ZEN hergestellt und durch fraktionierte Kristallisation von seinem β-Epimer abgetrennt. In einer Studie an Ochsen, denen die empfohlene Dosis von 36 mg α-ZAL im Ohr subkutan appliziert wurde, konnte an Tag 210 ein Gewichtszuwachs von 22 kg gemessen werden (Prichard *et al.*, 1989). In der EU ist der Einsatz hormonell wirksamer Wachstumsförderer, wie dem Zeranol, seit 1989 verboten (RL 96/22/EG zur Aufhebung der Richtlinien 81/602/EWG, 88/146/EWG, 88/299/EWG). Dieses Verbot gilt auch für das Einführen von hormon-behandeltem Fleisch aus Drittländern. Die USA und Kanada fochten dieses Verbot an und bekamen durch ein Schlichtungsgremium der Welthandelsorganisation im Jahre 1999 Ausgleichszahlungen gewährt. Das Einfuhrverbot stellt einen Verstoß gegen den freien Handel dar, da keine ausreichende Risikobewertung für α-ZAL vorliegt. Der EU-Ausschuss bekräftigt jedoch das Gesundheitsrisiko durch Hormonrückstände in Fleisch und Fleischerzeugnissen, wobei die Beweislast der EU zufallen soll (Sibbald, 1999, Brower, 2001). Bislang konnte noch keine abschließende Risikobewertung für α-ZAL durchgeführt werden (EFSA, 2007). Die USA und die EU unterzeichneten jedoch 2009 ein Memorandum, welches eine vorläufige Lösung des „Beef Hormone Dispute" einleiten soll. Eingeteilt in drei Phasen sollen innerhalb von 4 Jahren die Ausgleichszahlungen für das Importverbot aufgehoben und der EU-Markt für nicht hormonell behandeltes Rindfleisch geöffnet werden (WTO, 2009). 2011 wurden die Strafzölle durch die USA endgültig eingestellt (EC, 2011). Die Einigung erfolgte dabei aber eher aufgrund wirtschaftlicher Interessen als auf einer Bewertung des Gesundheitsrisikos für den Verbraucher.

Biosynthese

ZEN zählt zu der heterogenen Gruppe der Polyketide und wird ähnlich der Fettsäurebiosynthese durch Polyketid-Synthasen aus neun Acetyl-CoA-Einheiten und einer Kopf-zu-Schwanz-Kondensation aufgebaut. Dabei konnte gezeigt werden, dass ZEL im Pilz eine Vorstufe von ZEN darstellt (Steele *et al.*, 1974, Hagler und Mirocha, 1980, Richardson *et al.*, 1984). An der ZEN-Biosynthese sind zwei unterschiedliche Polyketid-Synthasen beteiligt. ZEA2p besitzt eine reduzierende Domäne und verknüpft die ersten 12 C-Atome, die eine Doppelbindung enthalten. Die restlichen 6 C-Atome werden durch die nicht-reduzierende ZEA1p eingeführt. Eine intramolekulare Aldol-Kondensation der reaktiven Ketomethylen-Gruppen führt zunächst zum aromatisierten Benzoesäure-Derivat, welches dann schließlich zum Lakton zyklisiert (Kim *et al.*, 2005, Gaffoor und Trail, 2006).

Metabolismus

Die ersten nachgewiesenen Phase I-Metaboliten waren die reduktiven Metaboliten α- und β-ZEL (Ueno *et al.*, 1977, Kiessling und Pettersson, 1978, Ueno und Tashiro, 1981). Die beiden glucurondierten Epimere von ZAL konnten im Urin von Schafen nachgewiesen werden, denen deuteriertes ZEN oral oder intravenös verabreicht wurde. Jedoch kann nicht ganz ausgeschlossen werden, dass Mikroorganismen aus dem Pansen an der Reduktion der Doppelbindung beteiligt sind, zumal dieser Metabolisierungsweg bis jetzt nur bei Wiederkäuern gefunden wurde und ein enterohepatischer Kreislauf (EHC) vorhanden ist (Miles *et al.*, 1996). Die Reduktion der Ketogruppe bzw. die Oxidation der Hydroxylgruppe wird durch Hydroxysteroid-Dehydrogenasen (HSD) vermittelt (Olsen *et al.*, 1981,

Malekinejad *et al.*, 2006). Der Metabolismus von Tritium-markiertem α-ZAL wurde in verschiedenen Spezies nach oraler Gabe untersucht. Im Urin wurden dabei vor allem Konjugate mit Glucuronsäure und Sulfat von α-ZAL und des durch Oxidation der Hydroxylgruppe gebildeten Zearalanon (ZAN) gefunden. Ein gewisser Anteil der verabreichten Dosis konnte jedoch nicht zugeordnet werden und repräsentiert daher unbekannte Metaboliten, wobei anhand des Massenspektrums ein hydroxyliertes α-ZAL vermutet wurde (Migdalof *et al.*, 1983). Auf diese Erkenntnis aufbauend wurde der oxidative Metabolismus in unserem Arbeitskreis untersucht und soll am Ende des Kapitels genauer erläutert werden.

Alle vorhandenen Hydroxylgruppen von ZEN und seinen Kongeneren können durch Uridin-5'-diphosphoglucuronyltransferasen (UGTs) glucuronidiert werden (Stevenson *et al.*, 2008). Sie stellen gute Substrate dar, wobei die höchste Aktivität bei Mikrosomen aus Schweineleber gemessen werden konnte. Vermutlich aufgrund der geringsten sterischen Hinderung wird bevorzugt die Hydroxylgruppe an C-14 konjugiert. Durch Umsetzung mit humanen rekombinanten UGT-Isoenzymen konnte die höchste Aktivität für UGT1A1, 1A3 und 1A8 festgestellt werden. Die aliphatische Hydroxylgruppe an C-7 im Falle von ZEL und ZAL wird bevorzugt von UGT2B7 glucuronidiert (Pfeiffer *et al.*, 2010a). Diese Befunde stimmen mit den Ergebnissen der *in vivo*-Studien überein, welche ebenfalls eine rasche Glucuronidierung in Darm und Leber zeigen.

Toxikokinetik

Anhand des Caco-2-Zellmodells kann die intestinale Bioverfügbarkeit im Menschen abgeschätzt werden. Caco-2-Zellen stammen aus einem humanen Tumor des Kolon, weisen jedoch nach spontaner

Differenzierung nach Erreichen der Konfluenz viele Eigenschaften von Epithelzellen des Dünndarms auf. So bildet der polarisierte Monolayer auf der apikalen Seite Mikrovilli-ähnliche Ausstülpungen und Tight Junctions aus und exprimiert typische Enzyme und Transporter wie z.B. Aminosäure-Transporter, Peptidhydrolasen, Phase II-Enzyme und ABC-Transporter (Artursson und Karlsson, 1991, van Breemen und Li, 2005, Press und Di Grandi, 2008). Die Zellen werden auf semipermeablen Membranen aus Polycarbonat kultiviert, wodurch die Kavitäten der Multiwell-Platten in ein apikales und ein basolaterales Kompartiment aufgeteilt werden. Dabei ist wichtig, dass die Integrität des Zellmonolayers während der Messung erhalten bleibt. Die Kontrolle erfolgt entweder durch Messung des transepithelialen elektrischen Widerstands (TEER) oder durch Bestimmung der Transportrate eines nicht aktiv und nur gering passiv aufgenommenen Markermoleküls wie Lucifer Yellow. Durch Berechnung des scheinbaren Permeabilitäts-koeffizienten (P_{app}) können Substanzen in die Kategorien niedrige (0-20%, $P_{app} < 10^{-6}$ cm s^{-1}), mittlere (20-70%, $10^{-6} \leq P_{app} \leq 10 \times 10^{-6}$ cm s^{-1}) und hohe (70-100%, $P_{app} > 10 \times 10^{-6}$ cm s^{-1}) Resorption eingeteilt werden. Diese Korrelation wurde durch Vergleich von P_{app}-Werten zahlreicher Substanzen mit den entsprechenden *in vivo*-Versuchen aufgestellt (Yee, 1997). Der Metabolismus und die Resorption von ZEN und seinen fünf Kongeneren wurden in diesem Zellsystem untersucht. Dabei fand die Glucuronidierung bevorzugt und die Sulfatierung ausschließlich an der Position C-14 statt. Bis auf α-ZEL überwiegt dabei die Konjugation mit Glucuronsäure. Nach der apikalen Inkubation und der Aufnahme in die Caco-2-Zellen wurden die gebildeten Glucuronide und Sulfate, sowie die Ausgangsverbindungen gleichmäßig basolateral und apikal abgegeben. Anhand der berechneten P_{app}-Werte kann von einer hohen Resorption von ZEN und seinen Kongeneren sowie deren Konjugate im menschlichen Dünndarm ausgegangen werden (Pfeiffer *et al.*, 2011).

ZEN wird nach oraler Gabe in Ratten schnell resorbiert, die orale Bioverfügbarkeit für freies, unmetabolisiertes ZEN liegt allerdings nur bei 2,7%. Nur geringe Mengen werden über den Urin und die Galle unverändert ausgeschieden. Nach i.v.-Applikation finden sich die höchsten Gehalte an ZEN im Dünndarm, gefolgt von Nieren, Leber, Fettgewebe und Lunge (Shin *et al.*, 2009). Das Auftreten eines zweiten Konzentrationsmaximums nach 3 h im Blut nach oraler Gabe und die kürzere Halbwertszeit bei Ratten mit Gallengangkatheder sprechen für einen EHC von ZEN (Shin *et al.*, 2009). Die biliäre Ausscheidung und ein EHC konnten auch für die endogenen Estrogene E1 und E2 gezeigt werden (Sandberg und Slaunwhite, 1957). In Schweinen konnte gezeigt werden, dass ein First-Pass-Metabolismus durch die intestinale Mukosa stattfindet. Diese reduziert ZEN zu α-ZEL und konjugiert beide zu einem gewissen Anteil mit Glucuronsäure. Der Großteil der verabreichten Dosis wurde mit dem Urin abgegeben, jedoch wurden 45% in der Galle wiedergefunden. Tieren, denen ein Gallengangkatheder zur Entfernung der Galle gelegt wurde, zeigten eine stark verringerte biologische Halbwertszeit und kein Auftreten sekundärer Konzentrationsmaxima. ZEN unterliegt also einem ausgeprägten EHC, welcher die Halbwertszeit verlängert und damit auch die estrogene Wirksamkeit (Biehl *et al.*, 1993). Für den Menschen wird eine vergleichbare Kinetik angenommen.

In einer Studie mit schwangeren Sprague Dawley (SD)-Ratten wurde ein Transport von ZEN und dessen Metabolit α-ZEL über die Blut-Plazenta-Schranke in den Fötus beobachtet (Bernhoft *et al.*, 2001). Ein gleiches Ergebnis konnte für α-ZAL in Kaninchen erzielt werden

(Lange *et al.*, 2002). Somit sind bei Belastung der Muttertiere auch schon die Föten diesen endokrin wirksamen Mykotoxinen ausgesetzt.

<u>Toxizität</u>

Ein Befall mit *Fusarium* führt einerseits zu Ertragseinbußen andererseits gelangen dadurch die gebildeten Mykotoxine in Nahrungs- und Futtermittel, wo diese potentiell toxisch wirken können. Die akute Toxizität von ZEN ist mit 2000-20000 mg/kg KG (Maus, Ratte, Meerschweinchen, Huhn, p.o.) jedoch sehr gering (Kuiper-Goodman *et al.*, 1987). Basierend auf der estrogenen Wirkung, wird diese Mykotoxinklasse mit einer Reihe von adversen Effekten in Verbindung gebracht, die vor allem als Mykotoxikosen in der Nutztierhaltung ein Problem darstellen, aber auch für endemisch auftretenden Entwicklungsstörungen beim Menschen verantwortlich gemacht werden. Exogene Substanzen, die mit dem Hormonsystem interagieren, werden als endokrin wirksame Substanzen bezeichnet.

Estrogenität in vitro

Die estrogene Wirkung von ZEN und seinen Kongeneren wurde *in vitro* mit Hilfe verschiedener Endpunkte wie der Bindung an den Estrogenrezeptor (ER), der Aktivierung ER-regulierter Gene oder der Proliferation estrogen-abhängiger Zellen untersucht. Insgesamt kann aus den durchgeführten Studien abgeleitet werden, dass ZEN etwa so stark estrogen wirkt, wie das stärkste Phytoestrogen Coumestrol. Die α-Epimere der Metaboliten ZEL und ZAL besitzen eine etwa 10-fach stärkere Wirkung als ZEN. Die Bindung an den ERα wie an den ERβ erfolgt etwa mit der gleichen Affinität, während alle Phytoestrogene bevorzugt an den ERβ binden (Metzler *et al.*, 2010). Durch die Bindung an den ER werden assoziierte Hitzeschock-

Proteine abgespalten und Rezeptordimere gebildet. Die Expression verschiedener Zielgene, wie z.B. Wachstumsfaktoren, wird dann durch Bindung an Estrogen-responsive Elemente auf der DNA beeinflusst. ZEN bindet nur schwach an das sexualhormonbindende Globulin im Serum, sodass nahezu die gesamte Menge des mit dem Blut angelieferten ZEN den Zellen zur Verfügung steht und dort den ER aktivieren kann (Martin *et al.*, 1978). Die Testung der estrogenen Wirkung im Uterotrophen Assay stellt ein wichtiges *in vivo*-Testsystem dar, da bei *in vitro*-Versuchen die Toxikokinetik der Testsubstanzen nicht berücksichtigt werden kann. Hierbei konnte ebenfalls dieselbe Rangordnung wie in den *in vitro*-Tests festgestellt werden (Peters, 1972, Katzenellenbogen *et al.*, 1979, Takemura *et al.*, 2007). Die olefinische, trans-konfigurierte Doppelbindung von ZEN und ZEL wird durch Bestrahlung mit UV-Licht in eine cis-Konfiguration umgewandelt, was die estrogene Wirkung im Falle von ZEN vermindert aber bei α-ZEL stark erhöht (Peters, 1972).

Estrogenität in vivo

Die Toxizität von ZEN und seinen Kongeneren ist stark von der estrogenen Wirkung geprägt, wobei das Schwein die sensitivste und auch am häufigsten betroffene Spezies darstellt. Dabei zeigen sich Symptome eines Hyperestrogenismus wie ein vergrößerter Uterus und Schwellungen von Vulva und Brustdrüsen (Edwards *et al.*, 1987). Rinder sind dagegen weniger empfindlich und Geflügel ist nahezu resistent gegenüber ZEN, wobei sich die Kontamination hier nur in der anabolen Wirkung äußert (Sundlof und Strickland, 1986, Weaver *et al.*, 1986). Aufgrund der Veränderungen im Reproduktionstrakt wirken ZEN und seine Kongenere reproduktionstoxisch. So wurde in einer Zwei-Generationen-Studie in Ratten eine verminderte Fertilität und bedingt durch eine vermehrte Embryoresorption auch eine verringerte Anzahl an Nachkommen beobachtet. In der höchsten Dosis wurden geringe teratogene Effekte in Form von Veränderungen an Skelett und Weichteilen der Feten festgestellt (Becci *et al.*, 1982). Für α-ZAL konnte ebenfalls eine erhöhte Resorptionsrate der Embryonen gezeigt werden, wobei das synthetische Estrogen Diethylstilbestrol einen 30-fach stärkeren Effekt zeigte (Cornwall *et al.*, 1984).

Genotoxizität und Kanzerogenität

ZEN wurde ebenso wie andere Estrogene in Testsystemen zur Messung von Punktmutationen wie dem Ames-Test in *Salmonella typhimurium* oder dem Mauslymphom-Assay negativ getestet. Jedoch konnten Chromosomenaberrationen und ein Schwesterchromatidaustausch in CHO-Zellen beobachtet werden (Galloway *et al.*, 1987, Kuiper-Goodman *et al.*, 1987). α-ZAL, β-ZAL und ZAN wurden ebenfalls negativ in verschiedenen Genmutationstests getestet, lediglich eine geringe Induktion von Mikrokernen in V79-Zellen konnte beobachtet werden (Metzler und Pfeiffer, 2001). In weiblichen BaLB/c-Mäusen konnten nach i.p.-Gabe in Leber und Nieren DNA-Addukte mittels ^{32}P-Postlabeling-Assay nachgewiesen werden, jedoch nicht in weiblichen SD-Ratten. Die Gabe von α-Tocopherol verringerte die Addukt-Bildung (Pfohl-Leszkowicz *et al.*, 1995, Grosse *et al.*, 1997). Insgesamt lassen die Daten keine Bewertung des genotoxischen Potentials zu und der Mechanismus bleibt unklar.

Die Kanzerogenität von ZEN wurde durch das „National Toxicology Programm" in B6C3F1-Mäusen und F344/N-Ratten untersucht. Es konnte eine erhöhte Inzidenz an hepatozellulären Adenomen in weiblichen Mäusen und ein vermehrtes Auftreten von Adenomen der Hypophyse in beiden Geschlechtern festgestellt werden. Letztere sind eher selten vorkommende Veränderungen bei diesen verwendeten Mäusen. Zusammen mit dem Befund von Hypophysenkarzinomen, die in zwei von 42 weiblichen Tieren auftraten (5%) und in historischen Kontrollen des Labors sehr niedrig lagen, kann von einer kanzerogenen Wirkung in Mäusen ausgegangen werden. Das Auftreten von Hypophysenkarzinomen wurde auch schon für andere estrogene Verbindungen wie z.B. Diethylstilbestrol oder Estradiolbenzoat beobachtet. In den Ratten konnten einige nicht-neoplastische Veränderungen mit der ZEN-Behandlung in Verbindung gebracht werden, es kam jedoch nicht zu einer Erhöhung der Tumorinzidenz (NTP, 1982).

Von der IARC („International Agency for Research on Cancer") wurde ZEN zusammen mit anderen *Fusarium*-Toxinen aufgrund mangelnder Daten in die Gruppe 3 als „nicht einstufbar als kanzerogen für den Menschen" eingeordnet (IARC, 1993).

Endokrine Wirksamkeit beim Menschen

ZEN wird auch mit einer Reihe von endemischen Befunden beim Menschen in Verbindung gebracht. So konnte eine frühzeitige Pubertät bei Kindern in Puerto-Rico in den Jahren 1969 bis 1998, sowie eine frühzeitige Entwicklung der Brust bei Mädchen zwischen 6 Monaten und 8 Jahren im Südosten von Ungarn beobachtet werden (Saenz de Rodriguez, 1984, Saenz de Rodriguez *et al.*, 1985, Freni-Titulaer *et al.*, 1986, Szuets *et al.*, 1997). Dabei konnte ZEN im Serum der Betroffenen und teilweise auch in der Nahrung nachgewiesen werden. Bei sechs von 63 Mädchen mit frühzeitiger Pubertät in der Region Viareggio in Italien konnte neben hohen Konzentrationen an ZEN und α-ZEL im Blut auch eine positive Korrelation mit einer erhöhten Wachstumsrate und einem erhöhten Body-Mass-

Index ermittelt werden. Dies spricht für einen Wachstumsstimulierenden Effekt von ZEN in den exponierten Kindern (Massart *et al.*, 2008).

<u>Exposition</u>

In der EU sind die Höchstgehalte an ZEN in Lebensmitteln in der Verordnung Nr. (EG) 1126/2007 festgesetzt. Dabei gilt z.B. für unverarbeitetes Getreide ein Höchstgehalt von 100 µg/kg, für unverarbeiteten Mais 350 µg/kg und für Säuglingsnahrung 20 µg/kg.

Im Bericht der Europäischen Kommission („Scientific Cooperation (SCOOP) Task Report") wurde die Aufnahme von *Fusarium*-Toxinen mit der Nahrung basierend auf Daten aus 9 EU-Ländern zum Vorkommen und zum Verzehr abgeschätzt. Der Risikoabschätzung wurden die aus einer Studie an Jungsäuen als sensitivster Spezies abgeleiteten vorläufigen Grenzwerte zu Grunde gelegt (Edwards *et al.*, 1987). Aus einem NHEL-Wert von 40 µg/kg KG („no hormone effect level") wurde eine temporär tolerierbare Tagesdosis von 0,2 µg/kg KG („tolerable daily intake", TDI) abgeleitet (SCF, 2000). Basierend auf dem LOEL-Wert von 200 µg/kg KG („lowest observed effect level") wurde eine temporäre akzeptierbare tägliche Aufnahmemenge von 0,5 µg/kg KG („acceptable daily intake", ADI) vorgeschlagen (JECFA, 2000). Für α-ZAL wurde als Tierarzneimittel ein NHEL-Wert von 0,05 mg/kg KG anhand einer Studie an kastrierten weiblichen Affen (*Macaca fascicularis*) festgelegt und daraus ein ADI-Wert von 0-0,5 µg/kg KG abgeleitet (JECFA, 1998). Je nach Land und Verzehrmodell schwanken die Aufnahmeraten von ZEN durch die Nahrung zwischen 0,001 bis 0,116 µg/kg KG. Bei einer Mischkost wird der temporäre TDI maximal zu 58% ausgefüllt. Brot und andere Getreideprodukte stellen dabei die bedeutendste Quelle für die Exposition dar. Kinder, die regelmäßig Mais-haltige Produkte verzehren, könnten den TDI-Wert sogar überschreiten. In Ländern mit einer auf Mais basierten Ernährung oder generell mit einem hohen Anteil an Getreide könnte dieser aufgestellte TDI-Wert ebenfalls überschritten werden (EC, 2003). Durch die rasche Biotransformation und Ausscheidung bei Tieren ist eine sekundäre Exposition des Menschen durch Fleisch, Eier und Milch als gering zu betrachten. In Leber von Schweinen sowie in Milch und Käse von Rind und Schaf wurden jedoch geringe Gehalte an ZEN, sowie in Muskel, Leber, Nieren und Fettgewebe von Rindern geringe Gehalte an α-ZAL nach Gabe von Ralgro® gefunden (Mirocha *et al.*, 1981, Lange *et al.*, 2001, Zöllner *et al.*, 2002, Goyarts *et al.*, 2007).

Für Futtermittel werden gemäß der Empfehlung 2006/576/EG der Europäischen Kommission Richtwerte für *Fusarium*-Toxine herangezogen. Für ZEN liegen diese bei 0,1 mg/kg für Ferkel, bei 0,25 mg/kg für Schweine und bei 0,5 mg/kg für Rinder, Schafe und Ziegen. In Futtermittelausgangsstoffen dürfen für Getreide 2 mg/kg bzw. für Mais 3 mg/kg ZEN enthalten sein.

<u>Neuere Studien zum oxidativen Metabolismus von ZEN und α-ZAL</u>

In unserem Arbeitskreis konnte gezeigt werden, dass neben den bekannten, durch HSD vermittelten oxidativen bzw. reduktiven Metaboliten von ZEN und α-ZAL auch durch Cytochrom P450-haltige Monooxygenasen (CYPs) vermittelte oxidative Metaboliten gebildet werden (Pfeiffer *et al.*, 2007b, Pfeiffer *et al.*, 2009b, Hildebrand *et al.*, 2010). Durch Einsatz von Deuterium-markiertem ZEN und dem Vergleich mit synthetisch hergestellten Verbindungen konnte die Struktur der beiden Hauptmetaboliten bei der Umsetzung von ZEN mit humanen Lebermikrosomen aufgeklärt werden. Die aromatische

Hydroxylierung führt zur Bildung der beiden Catechole 13- und 15-Hydroxy(HO)-ZEN bzw. 13- und 15-HO-α-ZEL (Abb. 2). Dabei war nur die humane Isoform CYP1A2 in der Lage ZEN zu den entsprechenden Catecholen zu hydroxylieren. Eine geringe Aktivität wurde auch für hCYP3A4 gemessen, jedoch führte dies zu aromatisch und aliphatisch hydroxylierten Metaboliten. Die Inkubation von α-ZEL mit hCYP2D6 ergab ebenfalls eine sehr geringe Bildung von oxidativen Metaboliten (Pfeiffer *et al.*, 2009b).

Ein Vergleich der Spezies zeigt, dass im Menschen die aromatische Hydroxylierung bevorzugt stattfindet. Die Hydroxylierung von ZEN am aliphatischen Ring führt neben den reduktiven und aromatisch hydroxylierten Metaboliten zu 10 weiteren, die vermehrt durch Rattenlebermikrosomen gebildet werden. Dabei findet die Reaktion vor allem an Position C-8, aber auch an den Positionen C-10, C-9, C-5 und C-2, -3 oder -4 statt (Hildebrand *et al.*, 2012). Ähnliche Ergebnisse konnten für α-ZAL erzielt werden. Auch hier stellen die Hauptmetaboliten in Inkubationen mit humanen Lebermikrosomen 13- und 15-HO-α-ZAL bzw. 13- und 15-HO-ZAN dar (Abb. 2). Die Catecholbildung konnte auch für Rind, Schwein und Ratte gezeigt werden. Die Catechole sind instabil und es findet eine Oxidation zu den entsprechenden Chinonen statt, welche Addukte mit N-Acetylcystein bilden. Ebenso wie für ZEN und α-ZEL zeigt auch für α-ZAL die humane Isoform CYP1A2 die höchste Aktivität für die Catecholbildung. Daneben konnte auch eine geringe Aktivität für hCYP3A4, 2C19, 2D6 und 1B1 gemessen werden. CYP3A4 katalysiert die Bildung von aliphatischen und aromatischen Metaboliten, wobei in diesem Falle nur die Position C-13 hydroxyliert wird, während alle anderen Isoformen beide Positionen gleichmäßig metabolisieren. Da CYP1A2 ein vor allem hepatisch, exprimiertes Enzym ist, findet die

Catecholbildung daher hauptsächlich in der Leber statt (Hildebrand *et al.*, 2010).

Durch weitere Metabolisierung der Catechole von ZEN und seinen Kongeneren durch das Enzym Catechol-*O*-methyltransferase (COMT) entstehen prinzipiell zwei Methylierungsprodukte, wobei eines stabil und das andere instabil ist. Die Instabilität ist vermutlich immer dann gegeben, wenn die Hydrochinon-Struktur durch Methylierung an Position C-14 erhalten bleibt. Eine Methylierung an Position C-16 erscheint unwahrscheinlich, da hier eine Wasserstoffbrücken-Bindung zum Carbonyl-Sauerstoff der benachbarten Position C-1 vorliegt. In Inkubationen von ZEN mit Rattenleberschnitten konnte gezeigt werden, dass unter diesen *in vivo*-ähnlichen Bedingungen der oxidative Metabolismus auch in Gegenwart von Konjugationsreaktionen stattfindet (Pfeiffer *et al.*, 2009b).

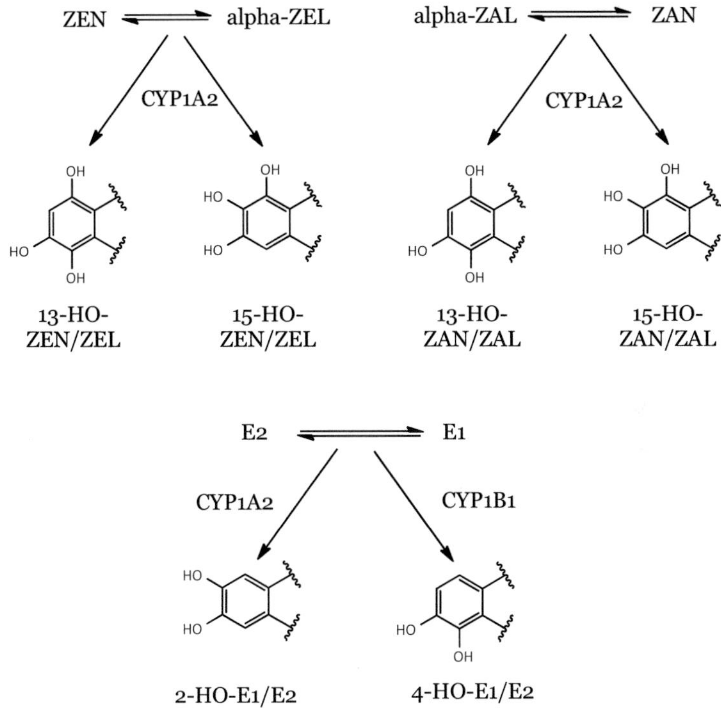

Abb. 2: Strukturformeln der aromatisch hydroxylierten Metaboliten aus dem oxidativen Metabolismus von ZEN und α-ZAL sowie E2, welche Catechole bzw. Hydrochinone darstellen.

Der Metabolismus von ZEN und seinen Kongeneren zeigt Ähnlichkeiten zu dem der endogenen Estrogene E2 und Estron (E1). Auch hier findet neben einer aliphatischen Hydroxylierung an Position C-16α auch eine aromatische Hydroxylierung an den Positionen C-2 und C-4 statt, welche ebenfalls zu Catecholen führt (Abb. 2). Für die Hydroxylierung an Position C-2 zeigt die humane Isoform CYP1A2 die höchste Aktivität, gefolgt von CYP1A1, 1B1 und 3A4. Die Hydroxylierung an Position C-4 wird hauptsächlich durch hCYP1B1 katalysiert, während CYP1A2, 1A1 und 3A4 einen geringeren Umsatz zeigten. Da die CYP-Isoformen eine unterschiedliche Gewebeverteilung aufweisen, entsteht der 2-hydroxylierte Metabolit vorwiegend in der Leber, der 4-hydroxylierte jedoch in extrahepatischem Gewebe (Badawi *et al.*, 2001). Somit weisen ZEN und seine Kongenere neben der estrogenen Wirkung eine weitere Gemeinsamkeit mit den endogenen Estrogenen auf. Während für die Catechole von E2 und E1 eine genotoxische Wirkung bereits gezeigt wurde (Wang *et al.*, 2010), fehlen bis jetzt Studien zur Genotoxizität der Catechole von ZEN und seinen Kongeneren.

A.2 Zielsetzung: Zearalenon-Kongenere

Der Wissenschaftliche Lebensmittelausschuss der EU-Kommission forderte im Jahre 2000 in seiner Stellungnahme über ZEN weitere Studien zur Genotoxizität, da für eine Risikobewertung noch nicht ausreichend Daten zur Verfügung stehen (SCF, 2000). In einer Stellungnahme der Europäische Behörde für Lebensmittelsicherheit (EFSA) zu Rückständen von Hormonen in Rindfleisch und Rindfleischerzeugnissen von 2007, konnte aufgrund fehlender neuer Studien auch keine Aussage über den Metabolismus oder die Genotoxizität von Zeranol getroffen werden (EFSA, 2007). Die EFSA forderte weiterhin 2011 in ihrer Stellungnahme zu den Gesundheitsrisiken von ZEN weitere Daten zur Aufklärung des Mechanismus der Genotoxizität (EFSA, 2011b). Durch die Arbeiten unseres Arbeitskreises bezüglich des oxidativen Metabolismus wurde hier schon ein möglicher Beitrag der catecholischen Metaboliten zur genotoxischen Wirkung von ZEN diskutiert.

In diesem Teil der Arbeit soll nun die Wirkung von ZEN und seinen Kongeneren auf die DNA untersucht und somit das genotoxische Potential ermittelt werden. Von besonderem Interesse sind dabei deren oxidative Metaboliten mit Catechol- bzw. Hydrochinon-Struktur, die im Zuge des Phase I-Metabolismus durch Oxidation gebildet werden und deren Redoxaktivität untersucht werden soll. Durch sogenanntes Redox-Cycling kann in der Zelle oxidativer Stress durch Bildung reaktiver Sauerstoffspezies (ROS) ausgelöst werden. Als Biomarker für eine oxidative DNA-Schädigung dient 8-Oxo-7,8-dihydro-2‘-desoxyguanosin (8-Oxo-dG), welches als charakteristisches Produkt der Basenmodifizierung durch ROS entsteht. Guanin besitzt aufgrund der elektronenreichen Struktur das niedrigste Redoxpotential der vier Basen und wird demzufolge bevorzugt oxidiert. Aufgrund der zusätzlichen Hydroxylgruppe paart 8-Oxo-dG atypisch mit Adenin und kann daher mutagen wirken wenn es durch Replikation zu einer GC- zu TA-Transversion kommt (Kouchakdjian *et al.*, 1991). Durch *in vitro*-Studien mit isolierter DNA soll das genotoxische Potential der verschiedenen Verbindungen eingestuft werden. Dabei sollen zunächst anhand mikrosomaler Gesamtextrakte die Speziesunterschiede und die Korrelation der Catecholbildung mit dem induzierten DNA-Schaden untersucht werden. Zur Untersuchung der individuellen Metaboliten von ZEN und seinen Kongeneren müssen diese zuvor chemisch oder enzymatisch als Reinsubstanzen hergestellt werden. Als Positivkontrollen für oxidative DNA-Schäden kommen aufgrund der Ähnlichkeit von ZEN mit den Steroidhormonen E1 und E2 die Catecholestrogene 2-HO-E1/E2 und 4-HO-E1/E2 zum Einsatz. Der Vergleich mit den Catecholen von E1 und E2 erscheint besonders interessant, da letztere als genotoxisch gelten und ihnen eine wichtige Rolle am Mechanismus der Kanzerogenität von Steroidestrogenen zugeschrieben wird (Bolton und Thatcher, 2008). Mit den Untersuchungen soll ein Beitrag zur Aufklärung der Genotoxizität von ZEN und seinen Kongeneren geleistet werden.

A.3 Ergebnisse und Diskussion: Zearalenon-Kongenere

Die nachfolgenden Ergebnisse wurden zum größten Teil bereits vorab publiziert und sind deshalb nur kurz zusammengefasst (Fleck *et al.*, 2012b, Fleck *et al.*, 2012c).

A.3.1 Korrelation des induzierten oxidativen DNA-Schadens mit der Bildung von catecholischen Metaboliten

Speziesabhängigkeit des oxidativen Metabolismus

Vorangegangene Studien aus unserem Arbeitskreis konnten bereits die Bildung oxidativer Metaboliten von ZEN und seinen Kongeneren mit Lebermikrosomen verschiedener Spezies, sowie mit humanen rekombinanten CYP-Isoformen zeigen. Die Strukturaufklärung aller gebildeten Metaboliten ergab, dass als Hauptmetaboliten Catechole entstehen, die durch eine Hydroxylierung am aromatischen Ring gebildet werden. Bezüglich der Speziesunterschiede konnte gezeigt werden, dass die Catecholbildung im Menschen gegenüber der aliphatischen Hydroxylierung bevorzugt abläuft (Pfeiffer *et al.*, 2009b, Hildebrand *et al.*, 2010, Hildebrand *et al.*, 2012). In Präzisionsgewebeschnitten der Rattenleber wurde bei Inkubation mit ZEN gezeigt, dass der oxidative Metabolismus auch in Gegenwart von Konjugationsreaktionen stattfindet. Hauptmetabolit der hydroxylierten Metaboliten war das 15-Methoxy(MeO)-ZEN, gefolgt von 8-HO-ZEN (Pfeiffer *et al.*, 2009b).

Um die Relevanz der Catecholbildung und deren schädigenden Einfluss auf die genomische Stabilität zu untersuchen, wurden Lebermikrosomen verschiedener Spezies mit ZEN oder α-ZAL inkubiert. Das Metabolitenspektrum wurde mittels LC-DAD-MS/MS bestimmt und das Gradientenprogramm der HPLC so optimiert, dass alle Metaboliten quantitativ erfasst werden können. In einem nächsten Schritt wurde der Gesamtextrakt mit Kalbsthymus-DNA inkubiert und das Ausmaß der Bildung der oxidierten Base 8-Oxo-dG mittels LC-ESI-MS/MS ermittelt.

Bei der Umsetzung von ZEN und α-ZAL mit Lebermikrosomen verschiedener Spezies konnte in Übereinstimmung mit den vorangegangenen Studien festgestellt werden, dass alle Mikrosomen in der Lage sind Catechole zu bilden (Tab. 1). Bei Rind und Schwein entstehen kaum oxidative Metaboliten, sondern als Hauptmetabolit resultiert hier das durch Reduktion von ZEN gebildete α-ZEL. Für hydroxylierte Metaboliten weist die Ratte die höchste Bildungsrate auf, gefolgt von der Maus und dem Menschen. Bevorzugt an aromatischen Positionen hydroxylieren Mensch und auch Ratte und bilden als Hauptmetaboliten 15-HO-ZEN. Die Maus hingegen zeigt in etwa gleichem Maße die Bildung aliphatisch und aromatisch hydroxylierter Metaboliten und 3- bis 5-mal mehr reduktiv gebildetes α-ZEL als alle anderen Spezies. Bezogen auf den CYP-Gehalt der Mikrosomen, weist die Ratte vor dem Menschen die höchste Enzymaktivität bezüglich der Catecholbildung auf.

Tab. 1: Metabolitenprofil (in µM) aus Inkubationen von 50 µM ZEN bzw. α-ZAL mit 0,5 mg/ml Protein aus Lebermikrosomen verschiedener Spezies für 60 min bei 37°C. Dargestellt sind die Mittelwerte ± Standardabweichung aus je mindestens drei unabhängigen Experimenten. a Summe aller aliphatisch hydroxylierten Metaboliten. b Die Summe aller aromatisch hydroxylierten Metaboliten wurde auf den CYP-Gehalt der Mikrosomen normiert. n.d., nicht detektiert (<0,002 nmol)

Spezies	ZEN	α-ZEL	β-ZEL	Hydroxylierte Metaboliten					Catechole
				Alipha-tisch [a]	15-HO-ZEN	13-HO-ZEN	15-HO-α-ZEL	13-HO-α-ZEL	[nmol/nmol CYP] [b]
Schwein	35,8 ± 5,7	6,2 ± 0,8	1,3 ± 0,3	0.5 ± 0,2	1,0 ± 0,2	0,2 ± 0,1	0,1 ± 0,1	n.d.	5,6 ± 1,0
Rind	42,2 ± 1,2	4,7 ± 0,05	1,3 ± 0,1	0,7 ± 0,2	0,6 ± 0,1	0,6 ± 0,0	n.d.	n.d.	3,1 ± 0,1
Maus	19,6 ± 5,0	15,2 ± 1,2	0,1 ± 0,05	5,0 ± 1,4	1,4 ± 0,2	0,5 ± 0,1	0,5 ± 0,2	0,5 ± 0,1	11,7 ± 1,9
Ratte	33,1 ± 0,3	3,1 ± 0,2	0,3 ± 0,05	2,2 ± 0,3	4,7 ± 0,6	1,5 ± 0,1	0,3 ± 0,2	n.d.	33,3 ± 3,1
Mensch	40,6 ± 1,5	5,6 ± 0,5	0,7 ± 0,1	0,2 ± 0,1	1,5 ± 0,1	0,5 ± 0,1	0,3 ± 0,1	n.d.	22,6 ± 1,3

Spezies	α-ZAL	ZAN	Hydroxylierte Metaboliten					Catechole [nmol/nmol CYP]
			Alipha-tisch	15-HO-ZAN	13-HO-ZAN	15-HO-α-ZAL	13-HO-α-ZAL	
Schwein	30,8 ± 0,9	9,8 ± 0,2	2,5 ± 0,3	0,1 ± 0,1	0,1 ± 0,0	n.d.	n.d.	0,9 ± 0,1
Rind	11,2 ± 0,2	24,1 ± 0,2	3,8 ± 0,3	0,3 ± 0,1	0,3 ± 0,1	n.d.	n.d.	1,4 ± 0,1
Maus	17,7 ± 0,9	13,8 ± 1,7	4,4 ± 0,3	0,5 ± 0,1	0,4 ± 0,1	0,5 ± 0,1	0,2 ± 0,1	6,2 ± 0,3
Ratte	14,2 ± 2,0	8,1 ± 0,6	12,6 ± 0,6	1,5 ± 0,1	0,2 ± 0,1	1,1 ± 0,2	n.d.	14,6 ± 1,5
Mensch	22,4 ± 2,1	10,2 ± 0,5	0,6 ± 0,1	1,5 ± 0,2	0,5 ± 0,1	2,4 ± 0,2	1,2 ± 0,1	55,1 ± 2,5

Mit α-ZAL findet wiederum beim Schwein nur wenig Phase I-Metabolismus in der Leber statt, während das Rind große Mengen an ZAN, jedoch ebenfalls wenig hydroxylierte Metaboliten bildet. Den höchsten Gesamtumsatz an oxidativen Metaboliten weist die Ratte auf, wobei hier auch der höchste Anteil an aliphatisch hydroxylierten Metaboliten erhalten wird. An zweiter Stelle nach der Ratte stehen Maus und Mensch mit einem etwa gleichen Umsatz an oxidativem Metabolismus, die Maus hydroxyliert jedoch bevorzugt an aliphatischen Positionen. Bezogen auf den CYP-Gehalt ist der Mensch mit weitem Abstand die beste Spezies für die Catecholbildung aus α-ZAL. Alle anderen Spezies bilden einen geringeren Anteil an Catecholen und bevorzugen die Bildung von aliphatisch hydroxylierten Metaboliten (Tab. 1).

<u>Induktion von oxidativen DNA-Schäden</u>

Die Bestimmung der Induktion von oxidativen DNA-Schäden durch die mikrosomalen Metaboliten von ZEN und α-ZAL erfolgte über die Quantifizierung der oxidativ veränderten Base 8-Oxo-dG mittels LC-ESI-MS/MS in einem zellfreien System an isolierter Kalbsthymus-DNA.

Die Gesamtextrakte der mikrosomalen Umsetzungen von ZEN und α-ZAL mit Lebermikrosomen verschiedener Spezies enthielten verschiedene Konzentrationen an Catecholen, aliphatisch hydroxylieren Metaboliten und den durch Hydroxysteroid-Dehydrogenasen vermittelten Metaboliten α-/β-ZEL bzw. ZAN. Alle Extrakte führten zur Bildung von 8-Oxo-dG bei Inkubation mit isolierter Kalbsthymus-DNA. Dabei korreliert für alle Spezies die Menge an gebildeten Catecholen direkt mit der Bildung des oxidativen DNA-Schadens (Abb. 3). Alle anderen Metaboliten sowie die Ausgangssubstanzen zeigen keine Korrelation. Abweichungen von der linearen Korrelation ergeben sich durch eventuelle Unterschiede zwischen den verschiedenen Catecholmetaboliten in Bezug auf die Fähigkeit ROS zu generieren. Die einzelne Wirkstärke lässt sich daher nur durch Versuche mit den isolierten Einzelverbindungen beurteilen.

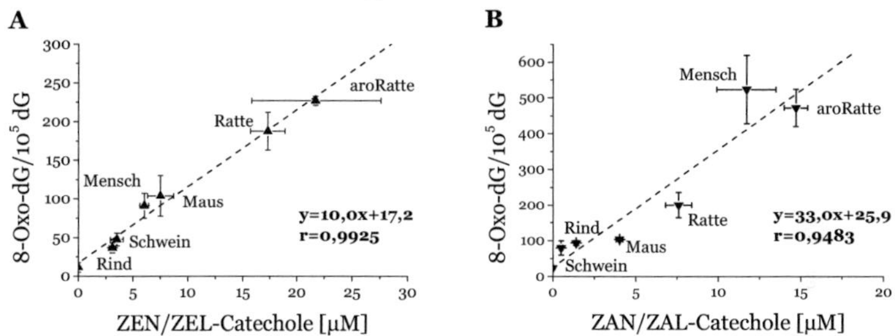

Abb. 3: Korrelation der Gehalte an aromatisch hydroxylierten Metaboliten von (A) ZEN/α-ZEL und (B) ZAN/α-ZAL mit der Höhe des induzierten oxidativen DNA-Schadens. Der Gesamtextrakt aus mikrosomalen Umsetzungen von ZEN bzw. α-ZAL wurde zusammen mit Kalbsthymus-DNA, $CuCl_2$ und NADPH inkubiert und die Bildung von 8-Oxo-dG mittels LC-ESI-MS/MS bestimmt. aroRatte: arochlorinduzierte Ratte. Dargestellt sind die Mittelwerte ± Standardabweichung aus je mindestens drei unabhängigen Experimenten.

Um zu zeigen, dass die Catechole von ZEN und seinen Kongeneren für den oxidativen Schaden verantwortlich sind, wurden diese vor der Inkubation der DNA aus dem Gesamtextrakt nach einer Methode zur Abtrennung von Catecholaminen aus Urin entfernt (Bussemas *et al.*, 1977). Dieses Verfahren beruht auf der Adsorption von Catecholen an Aluminiumoxid im alkalischen Milieu bei pH 8,4. Die Bildung von 8-Oxo-dG durch mikrosomale Gesamtextrakte von ZEN und α-ZAL mit 1 mg/ml Rattenlebermikrosomen, sowie durch den gleichen Extrakt nach vorheriger Abtrennung der Catechole mit Aluminiumoxid ist in Abb. 4 dargestellt.

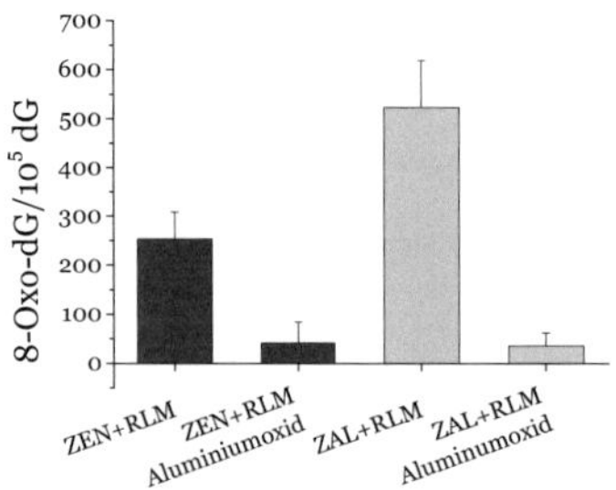

Abb. 4: Effekt der Entfernung der catecholischen Metaboliten aus den mikrosomalen Umsetzungen auf die Bildung von 8-Oxo-dG. 50 µM ZEN bzw. α-ZAL wurden mit 1 mg/ml Rattenlebermikrosomen für 1 h metabolisch aktiviert. Vor der Inkubation mit Kalbsthymus-DNA und Detektion von gebildetem 8-Oxo-dG mittels LC-ESI-MS/MS erfolgte die Adsorption der Catechole an Al_2O_3 im Alkalischen. Dargestellt sind die Mittelwerte ± Standardabweichung aus je mindestens drei unabhängigen Experimenten.

Der Anteil der Catechole von ZEN konnte mit Hilfe dieser Methode um 87,9 ± 1,6% gesenkt werden, während die aliphatisch hydroxylierten Metaboliten lediglich einen Verlust von 17,2 ± 16,1% aufwiesen und für ZEN und α-/β-ZEL ein moderater Verlust von durchschnittlich 33% verzeichnet wurde. Der bedeutendste Verlust durch die Adsorption an Aluminiumoxid ergab sich für 15-HO-ZEN, dessen Endkonzentration von 22,8 auf 1,7 µM um rund 92% gesenkt werden konnte. Die Menge an gebildetem 8-Oxo-dG wurde um 80,4 ± 22,0% gesenkt. Ein ähnliches Ergebnis konnte für α-ZAL erzielt werden, da hier der Anteil an Catecholen um 88,0 ± 3,7% gesenkt wurde, während die aliphatisch hydroxylierten Metaboliten einen Verlust von 15,0 ± 10,9% aufwiesen und für α-ZAL und ZAN kein Verlust verzeichnet wurde. Die Menge an gebildetem 8-Oxo-dG wurde um 93,2 ± 5,1% gesenkt und korreliert direkt mit der Menge der entfernten Catecholen. Somit sind die durch aromatische Hydroxylierung gebildeten Catechole für die Induktion des oxidativen DNA-Schadens durch die Gesamtextrakte aus mikrosomalen Umsetzungen von ZEN und α-ZAL verantwortlich.

A.3.2 Prooxidatives Potential der isolierten catecholischen Metaboliten

Alle aromatisch hydroxylierten Metaboliten, die im Zuge des Phase I-Metabolismus aus ZEN und seinen Kongeneren entstehen, wurden als Reinsubstanzen entweder durch chemische oder enzymatische Synthese und anschließender Fraktionierung mittels HPLC hergestellt.

Stabilität von 13-HO-α-ZAL und 13-HO-ZAN in Puffer

Zunächst wurde die Stabilität der beiden Verbindungen 13-HO-α-ZAL und 13-HO-ZAN im wässrigen Puffersystem bei pH 7,4 und 37°C in einem geschlossenen Reaktionsgefäß unter normaler Atmosphäre untersucht. Wie in Abb. 5 dargestellt, sind beide catecholischen Metaboliten sehr instabil. Schon nach 1 h Inkubation sinkt die Wiederfindung auf 10-20 %, welche dann über die Zeit etwa konstant bleibt. Zudem können von beiden Metaboliten die entsprechenden Chinon-Verbindungen als Oxidationsprodukte detektiert werden. Auch der Anteil der gebildeten Chinone verändert sich kaum über die Zeit, was daraus resultieren könnte, dass hier stabilere *para*-Chinone vorliegen, die mittels HPLC detektiert werden können. Aufgrund von Substanzmangel wurden diese Versuche für alle anderen catecholischen Metaboliten nicht durchgeführt. Anhand der chemischen Struktur lässt sich jedoch ableiten, dass im Falle der 15-hydroxylierten Metaboliten eine noch geringere Stabilität vorliegen sollte, da bei einer Oxidation das reaktivere *ortho*-Chinon gebildet wird.

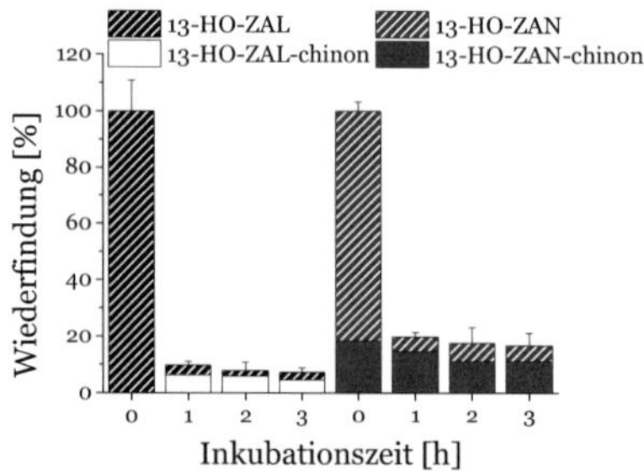

Abb. 5: Stabilität von 13-HO-α-ZAL und 13-HO-ZAN in 0,01 M Kaliumphosphat-Puffer (pH 7,4) bei 37°C über 3 h. Die Menge an Ausgangssubstanz und Metaboliten wurde mittels LC-DAD-MS bestimmt. Dargestellt sind die Mittelwerte ± Standardabweichung aus je mindestens drei unabhängigen Experimenten.

In vorangegangenen Versuchen konnte gezeigt werden, dass die aromatisch hydroxylierten ZAN-und α-ZAL-Metaboliten instabil sind und zu Chinonen oxidiert werden. Diese sind wiederrum in der Lage kovalente Addukte mit N-Acetylcystein als Modellthiol zu bilden (Hildebrand *et al.*, 2010). Im Folgenden soll deshalb die Redox-Cycling-Aktivität der isolierten Catecholmetaboliten bestimmt werden.

<u>Bestimmung der Redox-Cycling-Aktivität</u>

Zur Identifizierung von Redox-Cycling-aktiven Substanzen eignet sich das photometrische Screening-Verfahren zur Messung der NADPH-Oxidation. Diese schnelle Methode gibt ausschließlich das Potential der Substanzen an, NADPH zu verbrauchen. Redox-Cycling liegt vor, wenn der NADPH-Verbrauch äquimolare Mengen überschreitet, da dann die Ausgangsverbindung regeneriert werden muss.

Mit Hilfe dieser Screening-Methode wurde die Redox-Cycling-Aktivität im Vergleich zu den verwendeten Modellsubstanzen eingeordnet (Tab. 2). 1,4-Dihydroxynaphthalen wurde als Positivkontrolle mit einer *para*-Substitution und 1,2-Dihydroxynaphthalen als Positivkontrolle mit *ortho*-Substitution gewählt. Aufgrund der Ähnlichkeiten von ZEN und seinen Kongeneren mit den endogenen Estrogenen E2 und E1 in Bezug auf Metabolismus und Estrogenität wurden die Catecholmetaboliten 2- und 4-HO-E1/E2 ebenfalls als Positivkontrollen mitgeführt. Zudem konnte für diese Verbindungen schon die Induktion von Redox-Cycling gezeigt werden (Fussell *et al.*, 2011). Es zeigte sich, dass alle an Position C-13 hydroxylierten Metaboliten von ZEN und α-ZAL einen niedrigeren NADPH-Verbrauch aufweisen als die an Position C-15 hydroxylierten. 13-HO-ZEN und 13-HO-α-ZEL zeigten nur nach Zugabe von Reduktasen in Form von Rattenlebermikrosomen einen geringen NADPH-Verbrauch. Dasselbe gilt für die Modellsubstanz 1,4-Dihydroxynaphthalen, welches ebenfalls ein *para*-Chinon bildet. Die 15-hydroxylieren Metaboliten sind *ortho*-substituiert und bilden daher eine Pyrogallol-Struktur aus. 15-HO-ZAN weist den höchsten NADPH-Verbrauch auf, der zudem im gleichen Größenordnungsbereich liegt wie der für das *ortho*-substituierte Derivat 1,2-Dihydroxynaphthalen. Alle steroidalen Catecholestrogene sind *ortho*-substituiert und zeigen ein untereinander vergleichbares Redox-Cycling-Potential. Im Gegensatz zu den catecholischen Metaboliten von ZEN und seinen Kongeneren sind bei E1 und E2 die Hydroxylierungsposition sowie die funktionelle Gruppe C-17 in Form einer Hydroxyl- oder Ketogruppe nicht für die Wirkung entscheidend. Dagegen zeigt 15-HO-ZEN einen vergleichbaren NADPH-Verbrauch wie die Catecholestrogene und 15-HO-α-ZAL und 15-HO-ZAN weisen sogar einen höheren Verbrauch auf.

Tab. 2: NADPH-Verbrauch durch Inkubation von 2,5-10 µM Substanz mit 200 µM NADPH und 10 µM $CuCl_2$ in 0,01 M Kaliumphosphat-Puffer (pH 7,4) für 120 min. Gemessen wird die Extinktionsabnahme bei 340 nm. Dargestellt sind die Mittelwerte ± Standardabweichung aus je mindestens drei unabhängigen Experimenten. [a] Zugabe von 0,75 mg/ml Rattenlebermikrosomen [b] Einfachbestimmung.

Substanz	NADPH-Verbrauch [pmol/(min*nmol Substanz)]
2-HO-E1	28,1 ± 1,4
2-HO-E2	32,8 ± 3,0
4-HO-E1	30,2 ± 6,0
4-HO-E2	36,4 ± 4,7
13-HO-α-ZEL	6,5 ± 3,4 [a]
13-HO-ZEN	11,8 ± 2,4 [a]
15-HO-α-ZEL	35,3 [b]
15-HO-ZEN	29,8 ± 11,2
13-HO-α-ZAL	5,0 ± 2,4
13-HO-ZAN	5,0 ± 2,2
15-HO-α-ZAL	48,1 ± 4,9
15-HO-ZAN	74,7 ± 6,6
1,4-Dihydroxynaphthalen	32,1 ± 4,3 [a]
1,2-Dihydroxynaphthalen	154,1 ± 5,9

Induktion von oxidativen DNA-Schäden

Alle catecholischen Metaboliten von ZEN/α-ZEL und ZAN/α-ZAL wurden als Reinsubstanzen mit den entsprechenden Catecholmetaboliten von E2 und E1 in Bezug auf die Induktion von 8-Oxo-dG in isolierter Kalbsthymus-DNA verglichen.

Für alle getesteten Catechole konnte eine konzentrationsabhängige Steigerung der Menge an 8-Oxo-dG, jedoch mit unterschiedlichen

Wirkstärken, gemessen werden (Abb. 6). Für die Positivkontrollen 1,2- und 1,4-Dihydroxynaphthalen zeigte sich, dass durch Ausbilden eines stabileren *para*-Chinons weniger oxidative DNA-Schäden gebildet werden als bei Ausbilden eines *ortho*-Chinons. Gleiches, wenn auch weniger stark ausgeprägt, lässt sich auch bei den catecholischen Metaboliten von ZEN und seinen Kongeneren beobachten. Hier weisen die 15-hydroxylierten Metaboliten ebenfalls eine höhere prooxidative Aktivität gegenüber der DNA auf als die 13-hydroxylierten. Wie auch schon bei der NADPH-Oxidation gezeigt, bilden letztere ein stabileres *para*-Chinon aus. Auch nimmt hier die funktionelle Gruppe an C-7 Einfluss auf die Redoxaktivität des Moleküls. So zeigen jeweils die oxidierten Formen (ZEN und ZAN) eine höhere Reaktivität gegenüber der DNA als ihre reduzierten Analoga (ZEL und ZAL). Die Reduktion der Doppelbindung (ZAN und ZAL) führt ebenfalls zu einer höheren Induktion von oxidativen DNA-Schäden.

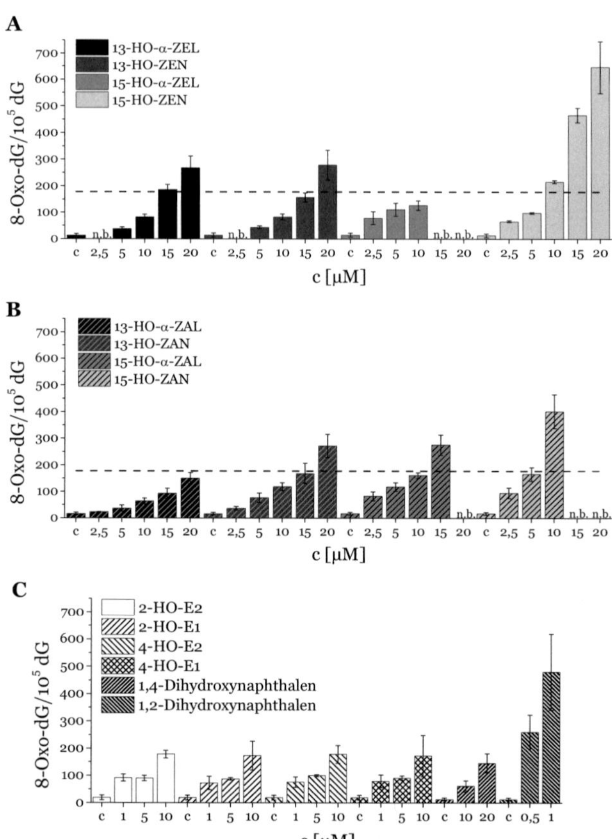

Abb. 6: Bildung von 8-Oxo-dG durch Inkubation von Kalbsthymus-DNA mit den aromatisch hydroxylierten Metaboliten von (A) ZEN und α-ZEL, (B) ZAN und α-ZAL sowie (C) den Catecholestrogenen und 1,2- bzw. 1,4-Dihydroxynaphthalen. Die gestrichelte Linie repräsentiert den mittleren Wert für 10 µM der Catecholestrogene. Dargestellt sind die Mittelwerte ± Standardabweichung aus je mindestens drei unabhängigen Experimenten. n.b., nicht bestimmt.

Aufgrund der Gemeinsamkeiten hinsichtlich der Estrogenität und des Metabolismus von ZEN und E2 war der Vergleich zwischen den Catecholen von ZEN und seinen Kongeneren und E1 bzw. E2 von besonderem Interesse. Zwischen den Catecholestrogenen 2/4-HO-E1/E2 selbst kann kein signifikanter Unterschied festgestellt werden (Abb. 6 C). Auch hier spielt wie bei der NADPH-Oxidation die funktionelle Gruppe an C-17 und die Hydroxylierungsposition keine Rolle. Die gestrichelte Linie in Abb. 6 A und B stellt den mittleren Wert an induziertem oxidativem DNA-Schaden durch 10 µM der Catecholestrogene dar. Daraus wird ersichtlich, dass die Catechole 15-HO-ZEN und insbesondere 15-HO-ZAN einen stärkeren Effekt zeigen als die Catechole von E1/E2, während 15-HO-α-ZAL etwa die gleiche Reaktivität aufweist.

Insgesamt kann folgende Rangfolge bezüglich der Induktion von 8-Oxo-dG aufgestellt werden:

$$15\text{-HO-ZAN} > 15\text{-HO-ZEN} > 15\text{-HO-}\alpha\text{-ZAL} \approx 2/4\text{-HO-E1/E2} >$$
$$15\text{-HO-}\alpha\text{-ZEL} > 13\text{-HO-ZAN} \approx 13\text{-HO-ZEN} \approx 13\text{-HO-}\alpha\text{-ZEL} >$$
$$13\text{-HO-}\alpha\text{-ZAL}.$$

A.4 Zusammenfassende Diskussion: Zearalenon-Kongenere

Da die Toxizität von ZEN und seinen Kongeneren nach bisheriger Auffassung vorwiegend auf die estrogene Wirkung zurückzuführen ist, liegt ein Vergleich mit den endogenen Estrogenen nahe. Aufgrund dieser Gemeinsamkeit und der Tatsache, dass darüber hinaus auch ein ähnlicher oxidativer Metabolismus zu Catecholen stattfindet, war es Ziel dieser Arbeit, die Genotoxizität der catecholischen Metaboliten von ZEN und seinen Kongeneren zu untersuchen und mit den catecholischen Metaboliten von E1 und E2 zu vergleichen. Eine erhöhte Exposition gegenüber Estrogenen wird mit einem erhöhten Risiko der Entwicklung von Tumoren in hormonabhängigen Geweben wie Brust und Endometrium in Verbindung gebracht (Liehr, 1990, Key *et al.*, 2002). Dabei werden drei verschiedene Teilmechanismen der kanzerogenen Wirkung diskutiert. Neben dem klassischen hormonellen Weg, welcher im Zellkern durch veränderte Genexpression ER-abhängiger Signalwege vor allem die Zellproliferation anregt, wird neuerdings auch ein nicht-genomischer Signalweg angenommen. Hierbei kommt es durch Interaktion mit membran-assoziierten ERs zur Aktivierung von Signalkaskaden im Cytoplasma. Darüber hinaus wird vor allem dem Metabolismus durch CYPs eine wichtige Rolle zugeschrieben (Feigelson und Henderson, 1996, Badawi *et al.*, 2001, Song *et al.*, 2006). Während der catecholische Metabolit 4-HO-E2 als kanzerogen im Syrischen Goldhamster und in CD-1 Mäusen getestet wurde, war sein Isomer 2-HO-E2 ohne Aktivität (Liehr *et al.*, 1986, Newbold und Liehr, 2000). Die gebildeten Catechole werden zu den entsprechenden o-Chinonen bzw. Chinonmethiden oxidiert, welche in der Lage sind durch Redox-Cycling

ROS zu erzeugen oder Proteine und DNA direkt zu alkylieren (Wang *et al.*, 2010). Bei der Bildung von DNA-Addukten spielt die Hydroxylierungposition eine entscheidende Rolle. Während 4-HO-E2-*o*-chinon zu depurinierenden N7-Guanin- und N3-Adenin-Addukten führt, isomerisiert 2-HO-E2 zum Chinonmethid und bildet stabile, exozyklische DNA-Addukte an N2-Guanin und N6-Adenin aus (Stack *et al.*, 1996, Saeed *et al.*, 2007). In der Niere von mit 4-HO-E2 behandelten Syrischen Goldhamstern wurde neben den Glutathion- und Mercaptursäure-Addukten auch das depurinierende N7-Guanin-Addukt gefunden (Devanesan *et al.*, 2001). Die Reaktion des Chinons mit der DNA findet *in vivo* also auch in Konkurrenz zu Konjugationsreaktionen statt. Die Hydroxylierung an Position C-2 wird dagegen aufgrund der Bildung stabiler DNA-Addukte und der raschen Inaktivierung durch Methylierung als weniger gefährlicher Stoffwechselweg angesehen.

Durch oxidativen Metabolismus von ZEN, α-ZEL, ZAN und α-ZAL, der vor allem in der Leber stattfindet, entstehen speziesabhängig unterschiedliche Mengen an Catecholen, wobei diese beim Menschen als Hauptmetaboliten gebildet werden. Durch Inkubation der Gesamtextrakte mikrosomaler Umsetzungen und auch der isolierten Reinsubstanzen mit Kalbsthymus-DNA sowie mit NADPH wurde die Fähigkeit der catecholischen Metaboliten, durch Redox-Cycling ROS zu erzeugen und dadurch die DNA oxidativ zu schädigen, in einem zellfreien System eindeutig nachgewiesen. Dabei ergab sich teilweise sogar eine höhere prooxidative Wirkung gegenüber der DNA als für die Catechole 2-/4-HO-E1/E2. Bei Vergleich der NADPH-Oxidation mit der Induktion von 8-Oxo-dG in Kalbsthymus-DNA ergibt sich eine positive Korrelation. Eine zellfreie Methode zur Einstufung der verschiedenen Substanzen hinsichtlich ihres Redox-Cycling-

Potentials ist nötig, da die Komplexität der Zelle eine Interpretation der Ergebnisse erschwert.

Die Zelle besitzt Reparatursysteme um DNA-Schäden zu beseitigen. Der hauptsächliche Reparaturweg für 8-Oxo-dG beinhaltet die DNA-Glykosylase 8-Oxoguanin-DNA-Glykosylase 1 (OGG1), welche im Zuge der Basenexzisionsreparatur die N-glykosidische Bindung spaltet. Der Desoxyribosephosphat-Rest wird durch eine AP-Lyase und eine AP-Endonuklease vollständig entfernt. Durch eine DNA-Polymerase und eine DNA-Ligase wird dann gemäß dem komplementären Strang die zugehörige Base eingebaut und ligiert (Evans *et al.*, 2004). Wird 8-Oxo-dG jedoch vor der Replikation nicht repariert, kommt es durch die falsche GA-Paarung zum Einbau der Pyrimidin-Base Thymin und damit nach der zweiten Replikation zu einer GC- zu TA-Transversion. Hierbei kann die Mutation neutral bleiben, wenn aufgrund des degenerierten Triplett-Codes die gleiche Aminosäure eingebaut wird oder eine chemisch verwandte Aminosäure nicht zum Funktionsverlust des Proteins führt. Wird jedoch eine chemisch nicht verwandte Aminosäure oder ein Stopp-Codon codiert, führt dies zu einem Missense- oder Nonsense-Protein ohne oder mit gestörter Funktion. Neben den Reparatursystemen existieren innerhalb der Zelle zudem verschiedene Mechanismen, um die DNA vor reaktiven Substanzen zu schützen. Antioxidative Enzyme wie die Superoxiddismutase, die Katalase und die Glutathion-Peroxidase sorgen dafür, dass die generierten ROS abgebaut werden. Radikalabfangende niedermolekulare Verbindungen wie α-Tocopherol oder Glutathion reagieren direkt mit den entstandenen ROS. Das durch die Superoxiddismutase aus dem Superoxidradikalanion gebildete Wasserstoffperoxid kann jedoch auch unter der Katalyse von Übergangsmetallen wie Fe^{2+} in der Fenton-Reaktion in das hochreaktive Hydroxylradikal umgewandelt werden. Durch die kurze Halbwertszeit reagiert dieses sofort mit nukleophilen Angriffsstellen in der Zelle ab. Inwieweit diese schützenden Mechanismen bei der Induktion von oxidativen DNA-Schäden durch die Catechole der ZEN-Kongenere eine Rolle spielen, kann anhand des zellfreien Systems jedoch nicht abgeschätzt werden.

Damit diese Reparatur und Abwehrsysteme nicht zum Tragen kommen müssen, ist für die Zelle deshalb die Inaktivierung der für den oxidativen Stress verantwortlichen Ausgangsverbindungen entscheidend. Die Inaktivierung der Catechole erfolgt in erster Linie durch die Methylierung mit COMT aber auch die Konjugation mit Glutathion, Glucuronsäure oder Sulfat spielen eine gewisse Rolle. Eine schnelle Metabolisierung der Verbindungen verhindert somit die Entstehung größerer Mengen an prooxidativen, reaktiven Spezies. Die 2-hydroxylierten Metaboliten von E1/E2 werden sehr gut durch die COMT in der menschlichen Leber methyliert, wohingegen 4-HO-E1/E2 sehr viel schlechtere Substrate darstellen. Vor allem deswegen wird die 2-Hydroxylierung als gutartiger Stoffwechselweg bezeichnet. Im Arbeitskreis konnte bei einer systematischen Untersuchung der COMT-Aktivitäten für die catecholischen Metaboliten 13-HO- und 15-HO-ZEN bedeutende Substrat- und Speziesunterschiede festgestellt werden (Pfeiffer *et al.*, 2013). Generell sind beide ZEN-Catechole schlechtere Substrate für die COMT als 4-HO-E2. Die geringste Methylierungsrate wurde mit menschlichem Cytosol erhalten, gefolgt von Maus und Ratte. Bei Rind und Ferkel wird vor allem das 15-HO-ZEN sehr viel besser methyliert und liegt beim Ferkel etwa 10-fach höher als das 4-HO-E2 und damit in der gleichen Größenordnung wie das 2-HO-E2. Beim Menschen liegt die Aktivität für 4-HO-E2, 13- und 15-HO-ZEN etwa um den Faktor 10 bis 30 niedriger als für 2-HO-E2. Bei der Untersuchung der Auswirkungen einer Exposition gegenüber den ZEN-Catecholen auf die Methylierung des endogenen Substrats 2-HO-E2 wurde eine starke Hemmung festgestellt. Die Inhibierung der COMT konnte in allen untersuchten Spezies beobachtet werden, wobei diese für den Menschen am stärksten ausgeprägt ist. 15-HO-ZEN führt hier mit einem IC_{50}-Wert von etwa 50 nM zu einer 10-fach stärkeren Hemmung als 13-HO-ZEN (IC_{50}=0,8 µM). Es handelt sich dabei für 13-HO-ZEN um eine unkompetitive und für 15-HO-ZEN um eine nichtkompetitive Hemmung des Enzyms. Die Hemmung der Methylierung von 4-HO-E2 wurde aufgrund von Substanzmangel nicht durchgeführt, es kann jedoch von einer ähnlichen Hemmung ausgegangen werden. Das catecholische Flavonoid Quercetin wurde ebenfalls als nichtkompetitiver Hemmstoff der COMT identifiziert und erhöhte die durch E2 ausgelöste Rate an Nierentumoren im Syrischen Goldhamster. Da Quercetin selbst ein gutes Substrat der COMT darstellt, wird das Cosubstrat S-Adenosylmethionin verbraucht und gleichzeitig der kompetitive Inhibitor S-Adenosylhomocystein gebildet (Zhu und Liehr, 1994, 1996). Die abgeschwächte Methylierung und damit Akkumulation von 2- und 4-HO-E2 verstärkt vermutlich die genotoxische Wirkung. Gleichzeitig wird die Bildung von 2-MeO-E2 verringert, welchem ein inhibitorischer Effekt auf die estrogen-induzierte Kanzerogenese zugeschrieben wird. Die wichtigsten antikanzerogenen Wirkungen von 2-MeO-E2 sind die Inhibierung der Neoangiogenese, die Mitosehemmung durch Interaktion mit Mikrotubuli und daraus folgend die Induktion von Apoptose. Eine Abnahme des Serumspiegels führt vermutlich auch zu einer Abnahme des protektiven Effekts gegenüber der estrogen-induzierter Kanzerogenese in Zielgeweben. Unter dem Handelsnamen Panzem™ wird 2-MeO-E2 daher bereits in klinischen Studien für die Therapie verschiedener Krebserkrankungen getestet (Zhu und Conney, 1998a, b, Mueck und Seeger, 2010). Der COMT wird eine „Gatekeeper"-Funktion zugeschrieben, da eine verringerte Expression oder Aktivität mit einem erhöhten Brustkrebsrisiko in Verbindung steht (Wen *et al.*, 2007). Jede Störung des Gleichgewichts der endogenen Estrogene und deren Metabolismus, welche zu einer Erhöhung der 4-hydroxylierten Metaboliten und/oder einer Verringerung der 2-methoxylierten Verbindungen führt, sollte als potentiell gefährlich angesehen werden (Männistö und Kaakkola, 1999). Mit dem synthetischen COMT-Inhibitor Ro 41-0960 konnte bereits die vermehrte Induktion von oxidativen DNA-Schäden durch E2 in TCDD-induzierten MCF-7-Zellen gezeigt werden (Lavigne *et al.*, 2001). Die Auswirkungen der COMT-Hemmung durch catecholische Metaboliten von ZEN und seinen Kongeneren auf zellulärer Ebene bedürfen daher weiterer Untersuchungen.

Der Metabolit 4-HO-E2 bindet mit der gleichen Affinität wie E2 an den ER, jedoch hält die Bindung länger an. 2-HO-E2 bindet dagegen nur schwach an den ER und die methylierten Formen weisen keine ER-Affinität auf (Männistö und Kaakkola, 1999). Der durch Redox-Cycling induzierte oxidative DNA-Schaden ist in Zellen, welche einen ER aufweisen, signifikant erhöht. Der ER ist ein Zinkfinger-Protein, welches über Cystein-reiche Sequenzen in der DNA-bindenden Domäne verfügt. Bindet nun das Chinon über diese Cystein-Reste an den ER und transloziert anschließend in den Zellkern, kommt es zur Generierung von ROS in räumlicher Nähe von estrogen-sensitiven Genen nach dem Vorbild eines Trojanischen Pferdes (Wang *et al.*, 2009). Die Bindung der Catechole von ZEN und seinen

Kongeneren an den ER sollte daher Gegenstand weiterer Forschungen sein.

Durch diese Arbeit konnte gezeigt werden, dass ZEN und seine Kongenere nicht nur in Bezug auf die estrogene Wirkung, sondern auch aufgrund der Bildung reaktiver, catecholischer Metaboliten mit den endogenen Steroidhormonen E1 und E2 in Zusammenhang gebracht werden können. Der Metabolismus von ZEN und seinen Kongeneren und der bisher bekannte Wirkmechanismus ist in Abb. 7 zusammengefasst.

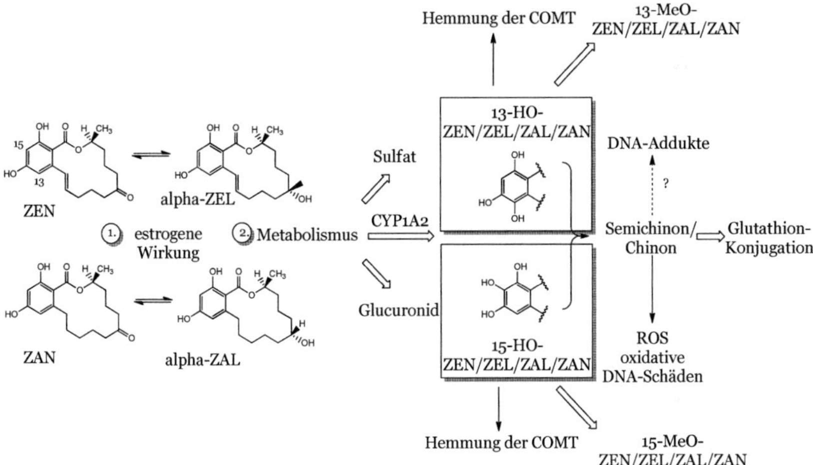

Abb. 7: Übersicht über den Metabolismus von ZEN und seinen Kongeneren und des untersuchten Wirkmechanismus der catecholischen Metaboliten.

Vor allem für die beiden Catechole 15-HO-ZEN und 15-HO-ZAN, welche beim Menschen die Hauptmetaboliten darstellen, wurde eine größere Reaktivität gegenüber der DNA und eine schlechtere Inaktivierung durch die COMT festgestellt. Insgesamt ist hier das Ungleichgewicht zwischen Aktivierung und Inaktivierung stärker ausgeprägt als für das im Tierversuch kanzerogen getestete 4-HO-E2. Die Bildung von depurinierenden DNA-Addukten durch die catecholischen Metaboliten von E1/E2 wird als kritischer Schritt bei der Krebsentstehung und als generell einheitlicher Mechanismus für alle o-Chinone angesehen, sodass eine ähnliche Wirkung für ZEN und seine Kongenere wahrscheinlich ist (Cavalieri *et al.*, 2002, Cavalieri und Rogan, 2006). Ob diese über die Ausbildung von Chinonen ebenfalls in der Lage sind DNA-Addukte zu bilden sollte in nachfolgenden Studien untersucht werden. Da es vor allem bei maishaltigen Lebens- und Futtermittel immer wieder zu Überschreitungen der gültigen EU-Grenzwerte für ZEN kommt ist eine umfassende Risikobewertung wichtig. Bisher konnte aufgrund fehlender Daten keine Aussage über den Beitrag der Bildung catecholischer Metaboliten zur Toxizität getroffen werden. In dieser Arbeit wurde die genotoxische Wirkung *in vitro* nach metabolischer Aktivierung der ZEN-Kongenere zu den entsprechenden Catecholen zum ersten Mal bewiesen, wodurch ein Beitrag für die weitere Risikobewertung des Mykotoxins ZEN und des Masthilfsmittels α-ZAL geleistet werden konnte.

Teil B: *Alternaria*-Toxine

B.1 Theoretische Grundlagen : *Alternaria*-Toxine

Schimmelpilze der Gattung *Alternaria* stellen die am zweithäufigsten verbreitete Schimmelpilz-Gattung dar. Zu den wichtigen Arten zählen *A. alternata* und *A. tenuissima,* wobei bis zu 100 verschiedene Spezies weltweit beschrieben wurden. Die gebildeten sekundären Stoffwechselprodukte, von denen bis heute etwa 125 Strukturen aufgeklärt sind, können in verschiedene Klassen eingeordnet werden. Ca. 75% dieser Substanzen sind phytotoxisch und schädigen die Wirtspflanze, etwa 25% davon wirken jedoch auch toxisch für Mensch und Tier und werden daher als Mykotoxine bezeichnet (Panigrahi, 1997, Logrieco *et al.*, 2009). Darüber hinaus wurde die Bildung von *Alternaria*-Toxinen auch in den Gattungen *Phoma, Ulocladium* und *Stemphylium* nachgewiesen. Einen Einblick in die strukturelle Vielfalt der Toxine sowie der produzierenden Spezies zeigt Tab. 3, welche die wichtigsten Vertreter beispielhaft zusammenfasst.

Tab. 3: Überblick über die *Alternaria*-Toxinklassen mit ausgewählten Beispielen und ihr Vorkommen bei verschiedenen Spezies (Lou *et al.*, 2013).

Klasse	Toxin	*Alternaria*-Spezies
Stickstoffhaltige Toxine	Tenuazonsäure	*A. alternata, A. citri, A. crassa, A. linicola, A. tenuissima, A. radicina*
	AAL-Toxine	*A. alternata* f. sp. *lycopersici*
	Fumonisin B1	*A. alternata, A. alternata* f. sp. *lycopersici*
	Porritoxin	*A. porri*
Cyclopeptide	Cyclo-(Pro-Pro)	*A. tenusissima*
	Tentoxin	*A. alternata, A. citri, A. linicola, A. porri*
Terpene	Bicylcoalternarene	*A. alternata*
Pyranone	Alternariol	*Alternaria* sp., *A. alternata, A. tenuissima*
	Alternariol-9-methylether	*Alternaria* sp., *A. alternata, A. tenuissima*
	Altenuen	*Alternaria* sp., *A. alternata, A. tenuissima*
	Altertenuol	*Alternaria* sp., *A. alternata*
	Dehydroaltenusin	*A. alternata*
	Infectopyron	*A. infectoria*
Chinone	Altersolanole	*A. solani, A. porri*
	Altertoxine	*Alternaria* sp., *A. alternata, A. cassiae, A. tenuissima, A. cassiae, A. mali, A. tomato*
	Stemphyltoxine	*Alternaria* sp.
	Alterlosine	*A. alternata*
Phenole	Zinniol	*A. solani, A. dauci, A. porri*
	Altenusin	*Alternaria* sp., *A. mali, A. alternata*
Sonstige	Xanalterinsäuren	*Alternaria* sp.

Nur einige wenige dieser gebildeten Toxine gelten als mögliche Kontaminanten in Lebens- und Futtermitteln und besitzen daher eine toxikologische Relevanz. Dazu zählen die *Alternaria*-Toxine mit Dibenzo-α-pyron-Struktur Alternariol (AOH) und dessen Methylether (AME) sowie Altenuen (ALT). Die Tenuazonsäure (TeA) stellt einen Vertreter der Tetramsäure-Derivate dar. Die Perylenchinone zeichnen sich durch ein pentazyklisches, konjugiertes Chromophor aus. Für diese Arbeit wichtige Vertreter sind die Altertoxine (ATX) I bis III, sowie Alteichin (ALTCH) und Stemphyltoxin (STTX) III, welche sich durch eine zusätzliche Doppelbindung von den entsprechenden Altertoxinen unterscheiden. ATX II und STTX III weisen eine und ATX III zwei Epoxid-Gruppen im Molekül auf. Die Strukturformeln der wichtigsten *Alternaria*-Toxine sind in Abb. 8 dargestellt.

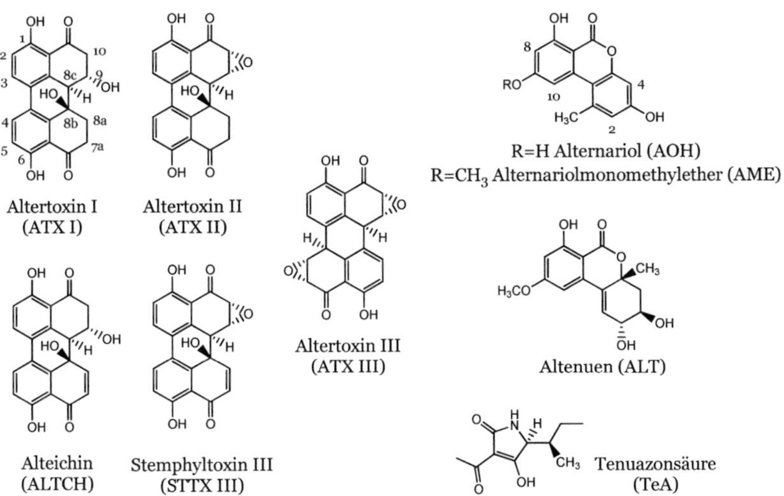

Abb. 8: Strukturformeln einiger wichtiger *Alternaria*-Toxine.

<u>Vorkommen</u>

Schimmelpilze der Gattung *Alternaria* leben saprophytisch von totem organischem Material, können jedoch auch opportunistisch Pflanzen befallen. Dabei kommt es zur Auslösung von Krankheiten wie Getreideschwärze und Dürr- oder Sprühfleckenkrankheit bei Nachtschattengewächsen, die zu Ertragseinbußen und wirtschaftlichen Verlusten führen (Thomma, 2003). Auf dem Feld und auch nach der Ernte kommt es zudem durch den Schimmelpilz zur Schädigung der für den Verzehr verwendeten Früchte der Pflanzen. Die Infektionen werden durch wirtspezifische Toxine, die den Zelltod auslösen, vermittelt. Da der Pilz selbst nicht invasiv ist, wird zusätzlich eine oberflächliche Wunde benötigt. Wichtig für die Pathogenese auf Tomaten ist unter anderem das von *A. alternata* f. sp. *lycopersici* gebildete AAL-Toxin. Ähnlich dem Fumonisin B1 aus *Fusarium moniliforme* stellt es ein Sphinganin-Derivat als Vorstufe der Sphingosine dar und inhibiert die Sphingolipid-Biosynthese (Abbas *et al.*, 1994). AOH konnte kürzlich auch eine Rolle für die Kolonisation zugeschrieben werden, da durch Öffnung vorhandener Wunden ein Eindringen des Mycels erleichtert wird (Graf *et al.*, 2012).

Da lediglich für AOH, AME, TeA und Tentoxin Referenzsubstanzen kommerziell verfügbar sind, beschränken sich die meisten validierten Methoden zum Nachweis in Lebensmitteln auf diese Toxine. Nur vereinzelt werden auch Altertoxine analysiert, meist jedoch ohne Angabe von konkreten Gehalten. Insgesamt besteht eine hohe Variabilität bezüglich der Mykotoxinproduktion zwischen den verschiedenen *Alternaria*-Stämmen. Kontaminierte Proben enthalten generell eine Vielzahl an unterschiedlichen Schimmelpilzarten. Gleichzeitig kann jedoch auch eine einzige *Alternaria*-Spezies eine Reihe an Mykotoxinen bilden (Panigrahi, 1997).

In einer Studie über 15 Jahre in Dänemark wurde eine Infektion mit *Alternaria*-Spezies regelmäßig auf Äpfeln, Kirschen, Weizen und Gerste nachgewiesen, wobei diese auch teilweise während der Lagerung auftrat. In Kulturen dieser isolierten Pilze (*A. aborescens*-Artengruppe, *A. tenuissima, A. infectoria*) wurde die Bildung von AOH, AME, ALT, TeA und der Altertoxine nachgewiesen (Andersen und Thrane, 2006). *A. alternata* ist der Hauptschadorganismus für Tomaten und bildet typische, schwarz gefärbte Läsionen. Paprika, Süßkartoffeln, Kürbis und Melone sind vor allem bei Lagerung bei niedrigen Temperaturen sensitiv gegenüber *Alternaria*. Auch Kern- und Steinobst wird verbreitet von *A. alternata* befallen (Barkai-Golan und Paster, 2008). Es wird davon ausgegangen, dass auch nicht-befallene Stellen durch Diffusionsprozesse Mykotoxine enthalten können (Restani, 2008). Die Bildung von AOH, AME und ALT durch *A. alternata* kultiviert auf Weizenextrakt-Agar erfolgt bevorzugt bei Temperaturen zwischen 5 und 30°C, die maximale Produktion findet bei 25°C und einem a_W-Wert von 0,98 statt (Magan *et al.*, 1984). Auf Hefeextrakt-Medium konnte ein Temperaturoptimum von 28°C für AOH und AME, 21°C für TeA und nur 14°C für ATX I und II ermittelt werden. Die Toxine wurden auch bei Wachstum des Pilzes auf Tomaten-Homogenat gebildet, wobei bis zu 120 µg AOH, 150 µg AME, 1500 µg TeA sowie 60 µg ATX I und 90 µg ATX II/25 g Tomate gemessen wurden. In natürlich befallenen Tomaten aus dem Handel wurden dagegen keine Altertoxine nachgewiesen (Hasan, 1995). Der Pilz ist also an eine Reihe von verschiedenen Umweltfaktoren angepasst und wächst sowohl auf Lebensmitteln mit einer hohen Wasseraktivität wie Obst und Gemüse, als auch auf Substraten mit geringerer Wasseraktivität wie Getreide oder auch Baumaterialien. Ein Problem bei der Getreidelagerung sowie beim Wachstum auf z.B. Tapeten stellt die *Alternaria*-Kontamination jedoch erst bei sehr feuchtem Klimabedingungen dar, da für die Toxin-Produktion ein ausreichend hoher a_w-Wert gewährleistet sein muss. Getreide sollte üblicherweise bei einer Feuchtigkeit von 12 bis 14% gelagert werden. Liegt der Feuchtigkeitsgehalt der kontaminierten Produkte jedoch über 25%, wächst *Alternaria* aktiv und bildet dabei Mykotoxine (Bottalico und Logrieco, 1998). In nahezu jedem schwarz verfärbten Getreidekorn von Weizen, Roggen, Hafer oder Gerste konnte *A. alternata* isoliert und Gehalte an AOH und AME zwischen 20 und 1600 µg/kg nachgewiesen werden (Chełkowski und Grabarkiewicz-Szczesna, 1991). In einer systematischen Studie zur Kontamination von optisch unversehrten Weizenproben aus dem Nordosten von Deutschland wurde von 2001 bis 2010 der Gehalt an AOH, AME, ALT und TeA untersucht. TeA wurde am häufigsten nachgewiesen, wenn auch mit starken Schwankungen von Jahr zu Jahr. Während 2009 und 2010 alle Proben positiv auf TeA getestet wurden, waren hingegen 2001 und 2008 weniger als 5% kontaminiert. Die höchste gemessene TeA-Konzentration lag bei über 4200 µg/kg. Das Vorkommen von AOH und AME schwankte zwischen 6% und 77% mit maximalen Gehalten von 800-900 µg/kg. In Proben, welche sichtbar mit *Alternaria* infiziert sind, sollten noch höhere Gehalte zu erwarten sein. So wurde in einer argentinischen Weizenprobe AME in einer Konzentration von 7400 µg/kg nachgewiesen. Weiterhin konnte gezeigt werden, dass eine vermehrte Kontamination mit Mykotoxinen in Jahren mit feuchtem Sommer auftreten und ein trockener Sommer die Mykotoxin-Produktion nahezu unterdrückt (Müller und Korn, 2013). ATX I konnte in einer Multi-Mykotoxin-Analyse von Silage, Mais und Weizen, welche für Tierfutter eingesetzt wurden, in

42% der Proben mit Gehalten bis zu 65 µg/kg nachgewiesen werden (Streit *et al.*, 2013).

Aufgrund des Wachstums bei niedrigen Temperaturen kann auch Obst und Gemüse befallen werden, welches im Kühlschrank gelagert wird. In mit *A. alternata* beimpften Tomaten, die bei 15°C für 4 Wochen gelagert wurden, konnten Gehalte von etwa 1200 µg/g AOH und 640 µg/g AME gemessen werden (Ozcelik *et al.*, 1990). Der maximale Gehalt an AOH wurde nach natürlichem Befall in Äpfeln (59 µg/g) und nach Beimpfung in Trauben (3340 µg/g) gemessen (Tournas und Stack, 2001). In 5 von 8 mit *Alternaria* befallenen Äpfeln sowie in allen Orangen- und Zitronenproben konnte ATX I qualitativ mittels Dünnschichtchromatographie nachgewiesen werden (Stinson *et al.*, 1981). Auch in verarbeiteten Produkten, wie Säften und Nektaren aus Äpfeln, Pflaumen, Cranberry oder Trauben sowie Rotwein können *Alternaria*-Toxine nachgewiesen werden (Barkai-Golan, 2008). Höchstgehalte wurden in argentinischem Tomatenpüree gefunden und betrugen für AOH bis zu 8750 µg/g, für AME 1730 µg/g und für TeA 4020 µg/g. Der Nachweis von TeA in verarbeiteten Tomatenprodukten kann als Indiz für die Verwendung von verdorbenem Ausgangsmaterial angesehen werden (Terminiello *et al.*, 2006). Über die Stabilität bei Lagerung und Verarbeitung von Lebensmitteln ist bisher nur wenig bekannt. Es konnte jedoch gezeigt werden, dass keine signifikanten Verluste von AOH, AME und ATX I in Apfelsaft über 27 Tage bei Raumtemperatur oder für 20 min bei 80°C gemessen wurden (Scott und Kanhere, 2001).

<u>Biosynthese</u>

Die Dibenzo-α-pyrone wie AOH zählen zu den Polyketiden und werden durch Kondensation mit Hilfe von Polyketid-Synthasen aus Malonyl-CoA und Acetyl-CoA-Einheiten aufgebaut. Im Gegensatz zur verwandten Fettsäurebiosynthese erfolgt hier jedoch die Kondensation weiterer Acetyl-CoA-Einheiten ohne Wasserabspaltung und anschließender Hydrierung der Doppelbindung, wodurch ein Poly-β-ketomethylen-Rückgrat gebildet wird. Diese Methylengruppen reagieren dann kontrolliert mit den vorhandenen Carbonyl-Gruppen durch eine Aldol-Kondensation unter Ringschluss und Aromatisierung ab (Harris und Hay, 1977). Da keine weiteren Intermediate detektiert werden können, wird davon ausgegangen, dass alle Reaktionen enzymgebunden an der Oberfläche der Polyketid-Synthase stattfinden. Der alternierende Einbau von ^{14}C aus radioaktiv markiertem Acetat spricht für eine Kopf-zu-Schwanz-Kondensation. Das gebildete AOH wird als Vorläufer für alle vom Dibenzo-α-pyron abgeleiteten Toxine gesehen. AME wird durch Methylierung von AOH mit S-Adenosylmethionin gebildet. Hypothetisch wird daraus auch die Bildung weiterer Substanzen wie Altenusin, Dehydroaltensuin, Altenuen, Altertenuol und Altenuinsäure abgeleitet (Stinson, 1985). Mit Hilfe einer Genomsequenzierung wurden 10 mögliche Polyketidsynthasen in *A. alternata* identifiziert, wovon durch Knockdown- und RNAi-Experimente ein Enzym (PksJ) für die AOH-Biosynthese verantwortlich ist (Saha *et al.*, 2012).

Tetramsäure-Derivate werden durch Kondensation einer Aminosäure mit Acetat gebildet. Studien mit radioaktiv markierten Verbindungen ergaben für TeA die Bildung aus L-Isoleucin und zwei Acetat-Einheiten (Stinson, 1985).

Nur wenige Daten sind zur Biosynthese der Perylenchinone verfügbar. Generell können diese Toxine nicht aus nur einer Polyketid-Kette gebildet werden. Fütterungsexperimente mit ^{13}C-markiertem Acetat zeigen die Dimerisierung von zwei Tetralon-Derivaten, die aus jeweils 5 Acetat-Einheiten aufgebaut sind und ebenfalls durch eine Aldol-Kondensation zyklisieren (Okuno *et al.*, 1983).

Metabolismus

Erste Studien zum Metabolismus der *Alternaria*-Toxine zeigten die Bildung von AOH und eines AME-Glucuronids bei Inkubation von AME mit Zellfraktionen aus der Leber von Ratte und Schwein (Pollock *et al.*, 1982a, Olsen und Visconti, 1988). In unserem Arbeitskreis konnte neben der Demethylierung zum AOH die Bildung von fünf hydroxylierten AME-Metaboliten durch Lebermikrosomen von Ratte, Mensch und Schwein nachgewiesen werden. Die Hydroxylierung erfolgt bevorzugt am aromatischen Ring an C-2, -4, -8 und -10, wobei Catechole bzw. Hydrochinone gebildet werden. In geringerem Ausmaß wird die Methylgruppe an C-1 hydroxyliert oder eine zweite Hydroxylgruppe eingeführt. Die aromatische Hydroxylierung zu Catecholen wird ebenfalls für AOH beobachtet, wobei der Hauptmetabolit beim Menschen das 2-HO-AOH und bei der Ratte das 10-HO-AOH darstellt (Pfeiffer *et al.*, 2007c). ALT und iALT unterliegen bei Inkubation mit Rattenlebermikrosomen ebenfalls einem oxidativen Metabolismus. Die Hauptmetaboliten stellen auch hier durch aromatische Hydroxylierung an C-8 und -10 Catechole dar (Pfeiffer *et al.*, 2009a). Für den oxidativen Metabolismus von AOH und AME zeigte die humane CYP-Isoform 1A1 die höchste Aktivität. Geringere Aktivitäten wurden für CYP 1A2, 2C19 und 3A4 gemessen. Die Hydroxylierung an Position C-2 findet dabei bevorzugt statt. ALT und iALT werden vor allem durch CYP2C19 umgesetzt, gefolgt von CYP2C9 und 2D6, wobei die Hydroxylierung an Position C-8 begünstigt ist. Anhand der ermittelten Aktivitäten der einzelnen CYP-Isoformen lässt sich ableiten, dass der Metabolismus der untersuchten Dibenzo-α-pyron-Derivate vorwiegend in extrahepatischen Geweben, vor allem im Ösophagus und in der Lunge für AOH und AME sowie im Darm und in den Ovarien für ALT und i-ALT, stattfindet (Pfeiffer *et al.*, 2008).

Aufgrund der vorhandenen phenolischen Hydroxylgruppen der Dibenzo-α-pyrone-Derivate ist eine Konjugation mit Glucuronsäure und Sulfat wahrscheinlich. Bei Inkubation von AOH und AME mit Mikrosomen aus Leber und Darm von Ratte, Mensch und Schwein unter Zugabe des Cosubstrats Uridin-5'-diphosphoglucuronsäure (UDPGA) wurden die Glucuronide vor allem an Position O-3 und im Falle von AOH an Position O-9 gebildet. Die Position C-7 wird aufgrund der Ausbildung einer Wasserstoffbrücke zur benachbarten Ketogruppe nur in Spuren konjugiert. Von zehn getesteten humanen rekombinanten UGT-Isoformen waren 9 in der Lage AOH und 8 in der Lage AME zu glucuonidieren. Die hohe Aktivität der Darmmikrosomen für die Glucuronidierung von AOH und AME lässt auf eine extensive Konjugation dieser Toxine nach oraler Aufnahme im Darm und in der Leber schließen. Durch die breite Affinität der UGT-Isoformen findet dieser Metabolismus aber auch in Geweben außerhalb der Leber statt (Pfeiffer *et al.*, 2009c).

Die Hydroxylierung von AOH, AME und ALT in Konkurrenz zur Konjugation wurde in Präzisionsgewebeschnitte der Rattenleber als *in vivo*-ähnliches System untersucht. Trotz der raschen Konjugation mit Glucuronsäure und Sulfat fand in diesem Modellsystem die Bildung oxidativer Metaboliten statt. Die gebildeten Catechole lagen sowohl frei als auch methyliert und als Glucuronsäure- oder Sulfat-Konjugate vor (Pfeiffer *et al.*, 2009a, Burkhardt *et al.*, 2011). In einem Tierexperiment, bei dem die Galle von zwei Ratten nach p.o.-Gabe von 2 mg AOH gesammelt und analysiert wurde, konnten ebenfalls alle vier Catechole von AOH und dessen Methylierungsprodukte nachgewiesen werden (Burkhardt *et al.*, 2011). Insgesamt wurde dadurch die *in vivo*-Relevanz der Catechol-Bildung bestätigt.

Studien zum Metabolismus anderer *Alternaria*-Toxine wurden bis auf Ausnahme von Tentoxin, welches ebenfalls einem oxidativen Metabolismus unterliegt, bisher nicht durchgeführt.

Toxikokinetik

Lediglich eine *in vivo*-Studie zur Toxikokinetik von *Alternaria*-Toxinen wurde in männlichen SD-Ratten durch p.o.-Gabe von 0,25 mmol/kg ^{14}C-markiertem AME veröffentlicht. Innerhalb von drei Tagen wurden 80-90% der verabreichten Dosis unverändert mit den Fäzes ausgeschieden. Im Urin konnten an Tag 1 5-10% als polare Metaboliten wiedergefunden werden. Im Gewebe wurde nur eine geringe Radioaktivität detektiert. Insgesamt wird AME vermutlich schlecht resorbiert. Der geringe resorbierte Anteil unterliegt hingegen einem extensiven Metabolismus zu polaren Verbindungen, welche sich im Gewebe nicht anreichern (Pollock *et al.*, 1982a). *In vivo*-Studien mit anderen *Alternaria*-Toxinen wurden bis jetzt noch nicht durchgeführt.

Da Tierversuche zur Toxikokinetik von Substanzen aufwendig und teuer sind, als auch im Zuge des Konzepts der 3 R („Replacement, Reduction, Refinement") verringert werden sollen, eignen sich zur Abschätzung der *in vivo*-Resorption Zellmodelle wie das Caco-2-Zellsystem. Zudem steht oft nicht genügend Ausgangsmaterial für eine orale Verabreichung an mehreren Tieren zur Verfügung. Bei Durchführung der Resorptionsversuche in Zellkultur kann somit neben den Tieren auch Testsubstanz eingespart werden. Die Übertragbarkeit der Methode auf die *in vivo*-Situation wurde anhand einer

Korrelation von 36 Substanzen nachgewiesen (Yee, 1997). AOH wird sowohl unkonjugiert als auch in Form des 3-*O*-Glucuronids und -Sulfats sowie des 9-*O*-Glucuronids auf die basolaterale Seite abgegeben. Die berechneten P_{app}-Werte weisen auf eine rasche intestinale Aufnahme hin. Die intestinale Bioverfügbarkeit von AME scheint dagegen gering zu sein, wobei nur das 3-*O*-Glucuronid das Pfortaderblut erreicht (Burkhardt *et al.*, 2009). Die Ergebnisse aus dem *in vitro*-Zellmodell bestätigen die schon für AME *in vivo* bestimmte schlechte Resorption. Es kann daher davon ausgegangen werden, dass die Absorption für AOH ebenfalls auf die *in vivo*-Situation übertragbar ist.

Toxizität

Die Exposition gegenüber *Alternaria*-Toxinen wird mit einer Reihe an adversen Effekten in Verbindung gebracht, wobei die akute Toxizität als gering eingestuft werden kann. Letale Dosen variieren von 50-400 mg/kg KG für AOH, AME, ALT, ATX I und ATX II in CD-1 und DBA/2 Mäusen, wobei jedoch keine LD_{50}-Werte ermittelt wurden (Pero *et al.*, 1973). Bei Fütterung von Ratten und Hühnern mit vier verschiedenen Diäten, welche zu 50% aus einem mit *A. alternata* beimpftem Mais-Reis-Medium bestand, konnten nur diejenigen Isolate letal wirken, welche TeA und ATX I bildeten (Sauer *et al.*, 1978). Insgesamt ist die Datenlage zur Toxizität von *Alternaria*-Toxinen in Labor- und Nutztieren für die Aufstellung eines NOAEL-Wertes („no observed adverse effect level") unzureichend. Lediglich für TeA kann ein LOAEL-Wert („lowest observed adverse effect level") von 1,25 mg/kg KG für Hühner abgeleitet werden (EFSA, 2011a).

Dibenzo-α-pyrone

Untersuchungen zur Genotoxizität von AOH und AME in kultivierten Zellen zeigen die Induktion von DNA-Strangbrüchen und Kinetochor-negative Mikrokernen, die auf Chromosomenbrüche zurückgehen (Lehmann *et al.*, 2006, Pfeiffer *et al.*, 2007a). Als Mechanismus der Genotoxizität wird die Hemmung der DNA Topoisomerasen I und II angesehen, wobei bevorzugt die IIα-Isoform betroffen ist (Fehr *et al.*, 2009). Durch Wirkung als Topoisomerase-Gift wird der intermediäre, kovalente Enzym-DNA-Komplex stabilisiert. Die Kollision der Replikationsgabel mit solchen stabilisierten Komplexen führt zu einem Doppelstrangbruch in der DNA. Eine Überexpression der Tyrosyl-DNA-Phosphodiesterase I, welche für die Reparatur von solchen Enzym-DNA-Addukten verantwortlich ist, führt zu einer signifikanten Reduktion der DNA-Strangbrüche in transfizierten HEK 293-Zellen (Fehr *et al.*, 2010). Als Reaktion auf den genotoxischen Stress wird ein Zellzyklusarrest in der G2/M-Phase ausgelöst. Da jedoch nicht die Verteilung der Mitosephasen beeinflusst ist, findet die Akkumulation der Zellen in der G2-Phase statt (Lehmann *et al.*, 2006). Ist eine Zelle zu stark geschädigt geht sie in die Apoptose über. Eine Behandlung von HCT-116-Zellen mit AOH oder AME führt zu einem signifikanten Verlust der Zellviabilität durch Induktion von Apoptose über den intrinsischen Signalweg. Durch Aktivierung von p53 kommt es zur Bildung von mitochondrialen Poren und dadurch zum Verlust des Membranpotentials, zur Generierung von Superoxid-Radikalanionen und der Aktivierung von Caspase 9 und 3, welche letztendlich den Tod der Zelle ausführen (Bensassi *et al.*, 2011, Bensassi *et al.*, 2012). In HT29-Zellen konnte nach Inkubation mit AOH und AME trotz des Nachweises von ROS kein oxidativer DNA-Schaden gemessen werden (Tiessen *et al.*, 2013). Somit ist die

Generierung von oxidativem Stress durch AOH und AME eher als ein Produkt der induzierten Apoptose anzusehen.

Die Mutagenität von AOH und AME im bakteriellen Ames-Test ergibt widersprüchliche Ergebnisse. In den *Salmonella typhimurium*-Stämmen TA98 (Leserastermutation GC) und TA100 (Basenpaarsubstitution GC) konnte mit und ohne metabolische Aktivierung keine Mutagenität festgestellt werden. Eine schwache Mutagenität in TA98, welche für AME in einer anderen Studie nachgewiesen wurde, könnte auf eine Verunreinigung der Substanz mit ATX III zurückzuführen sein, welches sich chromatographisch ähnlich verhält. Bei Zugabe von geringen Mengen an ATX III zu AME-Standardlösungen wurde eine signifikante Erhöhung der Revertanten erreicht (Scott und Stoltz, 1980, Davis und Stack, 1994). Die Mutagenität von AOH und AME wurde dagegen durch die Induktion von Rückwärtsmutationen in *E. coli* ND160 und einer induzierten unplanmäßigen DNA-Synthese (UDS) nachgewiesen (Zhen *et al.*, 1991). AOH zeigte eine schwache Mutagenität im Hypoxanthin-Phosphoribosyltransferase (HPRT)-Genmutationstest in V79-Zellen sowie im Thymidin-Kinase (TK)-Genmutationstest in Mauslymphomzellen. Die im TK-Test erhaltenen kleinen Kolonien weisen auf eine Induktion größerer Chromosomendeletionen hin, die auch schon bei der Induktion von Mikrokernen gezeigt wurden (Brugger *et al.*, 2006). Eine Inkubation von NIH3T3-Zellen mit AOH induzierte eine Überexpression der DNA-Polymerase β (Pol β) über den PKA-CREB-Signalweg sowie die Induktion von Punktmutationen (Zhu *et al.*, 2005, Zhao *et al.*, 2012). Dieses Schlüsselenzym der Basenexzisionsreparatur kann bei einer Überexpression oder Mutation genetische Instabilität hervorrufen und steht in Verbindung mit der Tumorgenese (Starcevic *et al.*, 2004, Lange *et al.*, 2011). In Pol β-überexprimierenden CHO-

Zellen wurde nachgewiesen, dass durch die geringe Präzision der Polymerase die Diskriminierung gegenüber toxischen Basenanaloga wie 6-Thioguanin fehlerbehaftet ist. Die Überexpression der Pol β äußerte sich in einer spontanen Ausbildung eines mutierten Phänotyps und die Zellen zeigten etwa einen 4-fachen Anstieg der Mutantenfrequenz im HPRT-Test (Canitrot *et al.*, 1998). Die durch Inkubation mit AOH angezeigte schwache Mutagenität im HPRT-Test könnte also auch indirekt durch die Überexpression der Pol β begründet sein.

Ein fetotoxischer Effekt wurde für AME im Syrischen Goldhamster bei i.p.-Gabe von 200 mg/kg KG und für AOH und AME in DBA/2-Mäusen bei s.c.-Gabe von 100 mg/kg KG festgestellt (Pero *et al.*, 1973, Pollock *et al.*, 1982b). Keine Teratogenität von AOH, AME, ALT und TeA wurde dagegen bei der Hühnerembryo-Entwicklung bis zu einer Dosis von 1000 µg/Ei gemessen. AOH, AME und ALT hatten keinen Einfluss auf die Mortalität geschlüpfter Küken. Für TeA wurde dagegen ein LD_{50}-Wert von 550 µg/Ei ermittelt (Griffin und Chu, 1983). In einem zellfreien System und in einem Reportergen-Assay in Ishikawa-Zellen wurde die Bindung von AOH an den humanen rekombinanten ERα/β als Agonist nachgewiesen, wobei die Estrogenität etwa 0,01% von E2 betrug (Lehmann *et al.*, 2006). Für AOH und AME konnte in Ovarienzellen aus Schweinen die Hemmung der Progesteron-Synthese, welche für die Einnistung der Embryonen und die Aufrechterhaltung der Schwangerschaft verantwortlich ist, gezeigt werden (Tiemann *et al.*, 2009). Zudem wurde die vermehrte Expression des Progesteronrezeptors, eine veränderte Expression steroidhormon-abhängiger Gene und eine Steigerung der E2-Produktion in H295R-Zellen festgestellt (Frizzell *et al.*,

2013). Die fetotoxischen Effekte von AOH könnten somit auf eine Wirkung als endokriner Disruptor zurückzuführen sein.

Dehydroaltenusin ist ein spezifischer Inhibitor der DNA-Polymerase α aus Säugetieren, beeinflusst jedoch nicht die Aktivität anderer Polymerasen oder anderer Spezies. Es kommt zu einer Verdrängung des DNA-Substrats von der katalytischen Domäne und zu einer Störung des Nukleotid-Einbaus bei der Replikation (Mizushina *et al.*, 2000).

Tenuazonsäure

Im Ames-Test konnte keine Mutagenität in den *S. typhimurium*-Stämmen TA98 und TA100 nachgewiesen werden (Scott und Stoltz, 1980). Mäuse, die mit 25 mg/kg TeA über 10 Monate gefüttert wurden, zeigten deutliche, präkanzerogene Veränderungen der Speiseröhre, die jedoch auf entzündliche Prozesse zurückzuführen sind (Yekeler *et al.*, 2001).

Die akute Toxizität wurde in verschiedenen Spezies untersucht. Bei Hunden äußerten sich die primären Wirkungen durch Erbrechen, massiver hämorrhagischer Gastroenteropathie und kardiovaskulären Symptomen. Nach einer i.v.-Applikation von 10 mg/kg KG trat nach 6 bis 9 Tagen der Tod ein (Smith *et al.*, 1968). Als möglicher Mechanismus wird die Hemmung der Proteinsynthese durch TeA diskutiert. Die mikrosomale Freisetzung der neu synthetisierten Proteine sowie die Peptidyltransferase-Aktivität der 60S-Untereinheit der Ribosomen scheinen dabei beeinträchtigt zu sein (Shigeura und Gordon, 1963, Carrasco und Vazquez, 1973). Die Toxizität von TeA könnte auch auf die Verringerung der Verfügbarkeit von wichtigen Spurenelementen durch deren Komplexierung zurückzuführen sein (Steyn und Rabie, 1976).

Perylenchinone

ATX I wurde mutagen in *S. typhimurium* TA98, TA100, TA 102 und TA104 (Basenpaarsubstitution AT) sowie TA97 und TA1537 (Leserasterverschiebung GC) in An- und Abwesenheit von S9 getestet. Bei der Untersuchung der Mutagenität für Säugetiere in Form des HPRT-Tests konnte jedoch keine Mutagenität von ATX I in V79- und H4IIE-Zellen festgestellt werden (Stack und Prival, 1986, Schrader *et al.*, 2001, Schrader *et al.*, 2006). Eine stärkere Mutagenität ohne metabolische Aktivierung zeigten ATX II und ATX III in den Stämmen TA98, TA100 und TA1537, wobei ATX III von allen getesteten Altertoxinen den größten Effekt aufwies (Stack und Prival, 1986). Die mutagene Wirkung von ATX III liegt etwa um den Faktor 10 niedriger als das stärkste bekannte, biogen gebildete Kanzerogen Aflatoxin B1. STTX III ist mutagen in den Stämmen TA 98 und TA1537 mit und ohne metabolische Aktivierung, aber nur schwach mutagen im Stamm TA100. Insgesamt wirkt STTX III im Ames-Test schwächer mutagen als ATX II und ATX III, liegt jedoch im gleichen Größenbereich wie ATX I (Davis und Stack, 1991). Ein mutagenes Potential stellt einen ersten Hinweis auf eine kanzerogene Wirkung *in vivo* dar. Um die Tumorpromotion abzuschätzen eignet sich ein Transformationsassay, welcher die Fähigkeit einer Substanz zur Expression des Ebstein-Barr-Virus Early-Antigen in Raji-Zellen misst. Ein weiteres Modell stellt die Transformation von C3H/10T1/2 Mausembryofibroblasten dar. ATX I und ATX III erhöhten in beiden Testsystemen die Transformationsrate und spielen somit neben der Mutagenität auch eine Rolle bei der Zelltransformation (Osborne *et al.*, 1988). Ein promovierender Effekt kann auch durch eine Störung der Zell-Zell-Kommunikation über benachbarte Gap-Junctions bedingt sein. In V79-Zellen konnte nur ATX I die metabolische Kommunikation zwischen den Zellen beeinflussen (Boutin *et al.*, 1989). Für ALTCH wurde eine Inhibierung der humanen Telomerase gezeigt, jedoch nicht für ATX I, welches keine α,β-ungesättigte Carbonylfunktion aufweist. Die Telomerase-Aktivität ist wichtig für regenerierendes Gewebe, wie z.B. hämatopoetische Stammzellen. In Tumorzellen verlängert die Aktivierung das Überleben der Zellen (Togashi *et al.*, 1998).

Alternaria-Extrakte

57 von 85 *A. alternata*-Extrakten, isoliert von verschiedenem pflanzlichem Material, waren letal für Ratten, die mit beimpftem Mais-Reis-Substrat gefüttert wurden, wobei 20 dieser Isolate TeA bildeten (Meronuck *et al.*, 1972). *Alternaria*-Kulturen, die nur AOH, AME und ALT produzierten, wiesen keine toxische Wirkung für Hühner und Ratten auf. Hierbei wurden sechs Mal höhere Konzentrationen als in stark verschimmelter Hirse vorhanden sind, eingesetzt. Dagegen wirkten Kulturen, welche TeA, ATX I und andere unbekannte Toxine enthielten, letal (Sauer *et al.*, 1978).

Im Ames-Test zeigten Extrakte aus *A. alternata* eine starke Mutagenität in *S. typhimurium* TA98, TA100 und TA1537 ohne metabolische Aktivierung, was einen direkten, DNA-schädigenden Mechanismus für die Induktion von Leseraster- und Basenpaarmutationen vermuten lässt. Die Zugabe von 10% S9-Proteinfraktion schwächte den mutagenen Effekt ab (Schrader *et al.*, 2001). In einer weiteren Studie hatte die Zugabe von S9 jedoch keine Auswirkungen auf die Mutagenität (Stack und Prival, 1986).

Epidemiologische Daten

Die Exposition gegenüber *Alternaria*-Toxinen wird anhand von epidemiologischen Daten der chinesischen Provinz Linxian mit einer erhöhten Inzidenz an Speiseröhrenkrebs in Verbindung gebracht (Liu *et al.*, 1991, Liu *et al.*, 1992). Die aus Getreide dieser Region isolierten *A. alternata*-Extrakte waren mutagen im HPRT-Test und verursachten eine Zelltransformation in NIH/3T3-Zellen (Dong *et al.*, 1987). Zudem konnte die Induktion von Rückwärtsmutationen in *E. coli* ND160, Schwesterchromatidaustausch, Chromosomenaberrationen und eine unplanmäßige DNA-Synthese in humanen peripheren Lymphozyten für verschiedene isolierte *Alternaria*-Stämme nachgewiesen werden (Zhen *et al.*, 1991). Ratten, welche mit *A. alternata*-kontaminiertem Mais gefüttert wurden, entwickelten Papillome und eine Hyperplasie der Speiseröhre sowie Papillome und Tumore des Vormagens (Liu *et al.*, 1982). Da nitrosylierte Verbindungen in der Lage sind Tumore in Speiseröhre und Magen bei Versuchstieren auszulösen, wurde der Effekt einer Nitrosylierung der *Alternaria*-Toxine auf die Mutagenität untersucht. Unter sauren Bedingungen kann das in der Nahrung vorhandene oder aus Nitrat gebildete Nitrit mit Aminen, Thiolen oder Phenolen zu potentiell mutagenen Verbindungen reagieren. Eine Nitrosylierung von ATX I führt zu einer drastischen Steigerung der Mutagenität in *S. typhimurium* TA97, TA98 und TA100, während nitrosyliertes AOH und AME zu keiner oder nur einer schwachen Steigerung führen. Auch im HPRT-Test konnte die verstärkende Wirkung der Nitrosylierung für ATX I nachgewiesen werden (Schrader *et al.*, 2001, Schrader *et al.*, 2006). Weiterhin wird auch ein Vorkommen von Fumonisinen im kontaminierten Mais aus Linxian diskutiert, welche durch ihre entzündliche Wirkung an den Schleimhäuten des Gastrointestinaltrakts zu einer Tumorpromotion beitragen könnten (Chu und Li, 1994).

Alternaria-Schimmelpilze gewinnen auch zunehmend an Bedeutung als humane Pathogene, insbesondere in immunsupprimierten Patienten. Sie werden z.B. in Zusammenhang mit Atemwegs- und Lungenerkrankungen gebracht. *Alternaria*-Sporen kommen ubiquitär in der Luft vor und sind als die am weitesten verbreiteten luftübertragenen Allergene bekannt. Bei Patienten mit hohem Sensibilisierungsgrad, jedoch ohne gleichzeitige Gräserpollen-Allergie, zeigte sich ein Zusammenhang zwischen dem *Alternaria*-Sporenflug und dem Auftreten von Asthmasymptomen (Schultze-Werninghaus, 2011). Neben der allergenen Wirkung verursacht *Alternaria* opportunistische Infektionen auf Haut, Augen, Nägeln oder in den Nebenhöhlen. Zwischen 1933 und 2008 wurden 210 Fälle einer Alternariose weltweit beschrieben, wobei meist eine vorangegangene Organtransplantation und damit eine Immunsuppression die Infektion begünstigen. Als Hauptvertreter der klinischen *Alternaria*-Spezies wurde *A. infectoria* identifiziert (Pastor und Guarro, 2008). In Extrakten konnten als gebildete Mykotoxine, die für die Zerstörung des Gewebes verantwortlich sind, neben Pyronen wie z.B. dem Infectopyron, vermutlich auch ATX II identifiziert werden (Ivanova *et al.*, 2010).

Eine erhöhte Exposition gegenüber TeA wird mit der in Afrika endemisch vorkommende, hämorrhagischen Blutkrankheit Onyalai in Verbindung gebracht. Die Analyse von verzehrtem Hirsebrei und -körnern ergab den Befall mit verschiedenen toxinbildenden Schimmelpilzen. *Phoma sorghina* wurde als Hauptvertreter isoliert und dessen Mykotoxine als Magnesium- und Calcium-Salze der TeA identifiziert (Steyn und Rabie, 1976).

<u>Exposition</u>

Um die Aufnahme der *Alternaria*-Toxine mit der Nahrung zu beurteilen, ist ein gezieltes Monitoring der Lebensmittel erforderlich. Bislang wurden analytische Methoden zur Detektion von AOH, AME, ALT und TeA etabliert. Vereinzelt erfolgte auch die Detektion von ATX I, jedoch vor allem in älteren Arbeiten mittels Dünnschichtchromatographie, welche meist nur eine qualitative Aussage zuließ. Eine gezielte Analyse auf weitere *Alternaria*-Toxine, wie z.B. den toxikologisch relevanten Perylenchinonen ATX II, ATX III oder STTX III in Lebensmitteln, wurde bislang nicht durchgeführt, sodass hier auch keine Daten zur Exposition vorliegen. Daher wurde durch die EFSA nur eine Expositionsabschätzung für die Toxine AOH, AME, TeA und Tentoxin bei Berücksichtigung von 15 europäischen Verzehrstudien für Erwachsene durchgeführt. Die voraussichtliche chronische Aufnahme mit der Nahrung pro Tag liegt bei 1,9-39 ng/kg KG für AOH, 0,8-4,7 ng/kg KG für AME und 36-141 ng/kg KG für TeA. Für Kinder und Vegetarier kann davon ausgegangen werden, dass die Aufnahme etwa um den Faktor 2 bis 3 höher liegt. Die Aufnahme erfolgt dabei vor allem durch Getreide, Gemüse, Früchte, Säfte, alkoholische Getränke und Öle sowie Ölsamen (EFSA, 2011a).

Aufgrund der fehlenden Daten zur Festlegung von NOAEL- oder LOAEL-Werten konnte bisher auch noch kein TDI-Wert durch die EFSA oder JECFA bestimmt werden. Es existieren daher auch keine Regulationen zu Höchstwerten von *Alternaria*-Toxinen in Lebens- und Futtermittel weltweit (FAO, 2004). Für die *Alternaria*-Toxine AOH, AME, TeA und Tentoxin kann das Risiko für die Gesundheit zumindest indikativ durch Anwendung des „Threshold of toxicological concern" (TTC)-Konzept abgeschätzt werden. Das Konzept ermöglicht es für Stoffe, für die nur unzureichende Daten vorliegen, einen Schwellenwert anzugeben. Die verschiedenen TTC-Werte wurden aus Daten zu Verbindungen mit ähnlichen Strukturen abgeleitet. Unabhängig vom Wirkprofil sind bei einer Unterschreitung dieser Expositionsangaben keine Risiken zu erwarten (Kroes *et al.*, 2004). Die relativ hohen Dosen an TeA, die für eine akute toxische Wirkung benötigt werden (100-200 mg/kg KG) lassen nicht auf eine Gefährdung durch Lebensmittel schließen (Meronuck *et al.*, 1972). Auch der für TeA anzuwendende TTC-Schwellenwert für nicht-genotoxische Verbindungen der Cramer-Klasse III wird nicht überschritten. Für AOH und AME wurde bereits eine genotoxische Wirkung *in vitro* nachgewiesen. Da bei Berücksichtigung des 95-zigsten Perzentils für AOH und AME eine Exposition oberhalb des TTC-Wertes (2,5 ng/kg KG oder 0,15 µg/Person/Tag) zu erwarten ist, sind daher weitere toxikologische Untersuchungen für eine Risikobewertung notwendig (EFSA, 2011a).

B.2 Zielsetzung: *Alternaria*-Toxine

Das Bundesinstitut für Risikobewertung wies in seiner Stellungnahme von 2003 und 2012 zu *Alternaria*-Toxinen in Lebensmitteln darauf hin, dass aufgrund der wenigen vorliegenden Daten das gesundheitliche Risiko derzeit nicht abschätzbar ist. Weitere Untersuchungen zur Exposition sowie die Aufklärung der toxischen Wirkungen sollten daher durchgeführt werden (BfR, 2003, Lorenz *et al.*, 2012). Auch die Europäische Behörde für Lebensmittelsicherheit stellte fest, dass keine abschließende Risikobewertung durchgeführt werden kann. Unter anderem werden weitere Studien zur Toxikokinetik und zur Genotoxizität von *Alternaria*-Toxinen gefordert, da bisher lediglich AOH, AME und ALT *in vitro* untersucht wurden (EFSA, 2011a). In Anbetracht des verbreiteten Vorkommens von *Alternaria* in Früchten und Gemüse ist es daher notwendig, die Konzentrationen in diesen Lebensmitteln zu überwachen. Um die Exposition zu bewerten, müssen jedoch gleichzeitig Daten zur Toxizität der einzelnen Mykotoxine gesammelt werden.

Im zweiten Teil dieser Arbeit sollen daher Erkenntnisse zur Genotoxizität von *Alternaria*-Toxinen mit Perylenchinon-Struktur gewonnen werden. Aufgrund der im bakteriellen Ames-Test gezeigten hohen Mutagenität besteht ein begründetes Interesse die Toxizität dieser Verbindungen weiter aufzuklären. Durch die Möglichkeit der gezielten Toxin-Gewinnung aus *Alternaria*-Kulturen sollen die gebildeten Mykotoxine identifiziert, isoliert und ihre genotoxische Wirkung untersucht werden. Zur Untersuchung der *in vitro*-Mutagenität im Säugetier werden die isolierten Perylenchinone im HPRT-Test in V79-Zellen getestet. Des Weiteren sind Fragestellungen zum Mechanismus der Toxizität von Interesse. Da für AOH eine Topoisomerase-Hemmung gezeigt wurde, sollen diese Experimente auch für die Perylenchinone durchgeführt werden (Fehr *et al.*, 2009). Mit Hilfe von Caco-2-Zellen kann die Aufnahme der Toxine in den Organismus untersucht werden. Dieses Zellmodell ist ein etabliertes *in vitro*-System zur Abschätzung der intestinalen Resorption *in vivo* (Yee, 1997). Einen weiteren Schwerpunkt stellt der *in vitro*-Metabolismus durch Zellfraktionen und isolierte Enzyme sowie die Reaktivität gegenüber niedermolekularen, nukleophilen Substanzen dar. Aufgrund der vorhandenen Epoxid-Gruppe bei einigen Perylenchinon-Derivate sind vor allem die Epoxid-Hydrolyse und die Reaktion mit Thiol-Gruppen zu untersuchen. Insgesamt soll dadurch ein Beitrag für die weitere Risikobewertung einer Exposition gegenüber *Alternaria*-Toxinen geleistet werden.

B.3 Ergebnisse und Diskussion: *Alternaria*-Toxine

Die nachfolgenden Ergebnisse wurden bereits vorab publiziert und sind deshalb zum Teil nur kurz zusammengefasst (Fleck *et al.*, 2012a, Fleck *et al.*, 2013a, Fleck *et al.*, 2013b).

B.3.1 Identifizierung von Alternaria-Toxinen

Drei verschiedene Pilzstämme der Gattung *Alternaria*, welche vom Zentrum für Agrarlandschaftsforschung in Müncheberg zur Verfügung gestellt wurden, sollten zunächst auf ihr Mykotoxin-Spektrum untersucht werden. *A. alternata* TA7, *A. alternata* TA16 und *A. tenuissima* TA178 wurden auf handelsüblichem, autoklaviertem Reis bis zur homogenen Bewachsung kultiviert. Die Haupttoxine AOH (1) und AME (2) sowie ALT (3, 4) konnten anhand von Referenzsubstanzen eindeutig zugeordnet werden. Zusätzlich wurde die Bildung weiterer Mykotoxine beobachtet. Ein repräsentatives Chromatogramm des Stammes TA178 ist in Abb. 9 dargestellt.

Die Identifizierung der Mykotoxine erfolgte anhand des UV- und Massenspektrums sowie, wenn genügend Ausgangsmaterial zur Verfügung stand, der NMR-Spektroskopie. Die Zuordnung der *Alternaria*-Toxine ist tabellarisch in Abb. 9 zusammengefasst. Von besonderem Interesse war dabei die Bildung der *Alternaria*-Toxine mit Perylenchinon-Struktur, wobei die Strukturen von ATX I (9), ATX II (11) und STTX III (12) als gesichert gelten. ALTCH (10) und ATX III (13) konnten aufgrund der geringen Ausbeute der präparativen Aufreinigung nicht mittels NMR-Spektroskopie verifiziert werden und müssen daher als tentativ angesehen werden. Anhand der chromatographischen Eigenschaften, dem Massenspektrum und Vergleich mit den in der Literatur beschriebenen UV-Spektren, kann jedoch davon ausgegangen werden, dass es sich um diese Toxine handelt. Durch die kleineren Extinktionskoeffizienten der Perylenchinone scheinen diese gegenüber AOH und AME unterrepräsentiert zu sein, können jedoch je nach Toxin und Kultivierungsbedingungen 1/60 bis 1/2 der Konzentration von AOH und AME betragen.

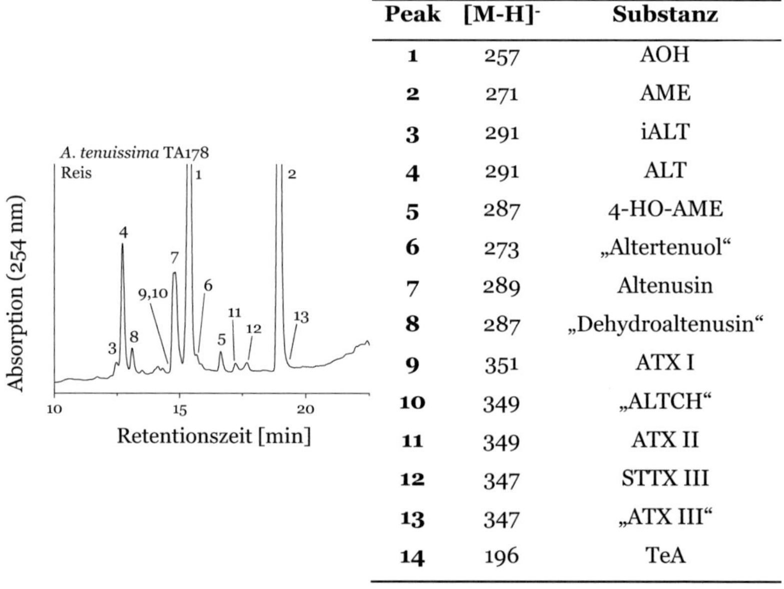

Peak	[M-H]⁻	Substanz
1	257	AOH
2	271	AME
3	291	iALT
4	291	ALT
5	287	4-HO-AME
6	273	„Altertenuol"
7	289	Altenusin
8	287	„Dehydroaltenusin"
9	351	ATX I
10	349	„ALTCH"
11	349	ATX II
12	347	STTX III
13	347	„ATX III"
14	196	TeA

Abb. 9: HPLC-Chromatogramm eines Extrakts von *A. alternata* TA178 kultiviert auf Reis. Die Nummerierung und Peakzuordnung sowie die Molekülionen der LC-DAD-MS/MS-Analyse sind in der nebenstehenden Tabelle aufgelistet. Bei Substanzen in Anführungszeichen ist die Struktur als tentativ anzusehen.

Neben den Perylenchinonen konnten auch noch weitere Dibenzo-α-pyrone identifiziert werden (Abb. 9). Durch Vergleich zweier zeitlich etwa 4 Wochen auseinander liegender Mykotoxinprofile von Extrakten aus TA178 und Zuordnung der postulierten Strukturen kann ein Abbauweg von AOH vorgeschlagen werden, wobei AOH als Vorstufe für alle weiteren Strukturen angesehen werden kann (Abb. 10).

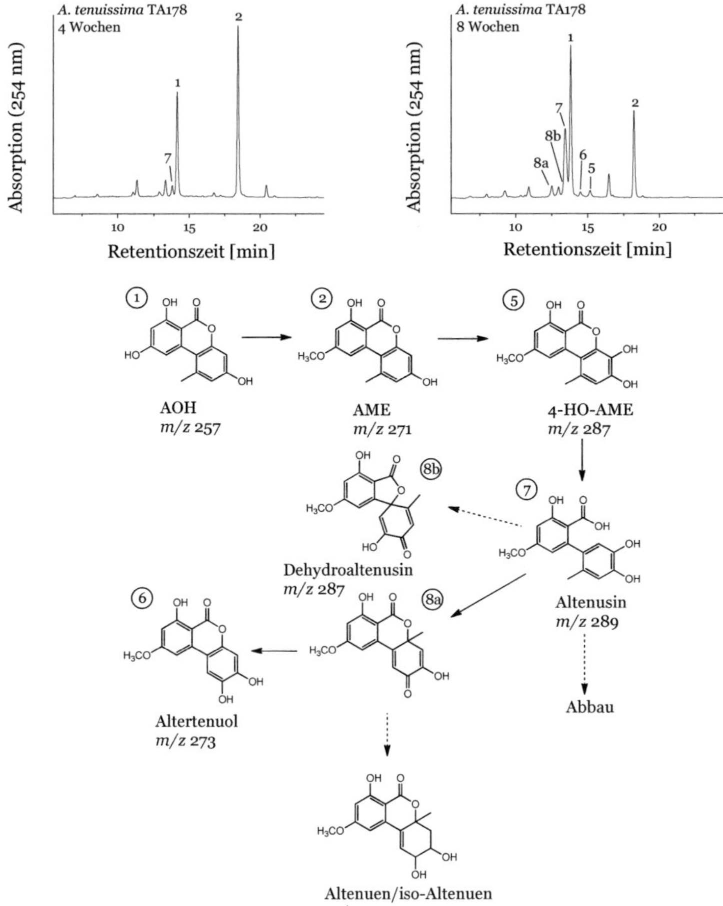

Abb. 10: Postulierter Abbauweg von AOH über AME, 4-HO-AME, Altenusin, Dehydroaltenusin und Altertenuol, wie er bei *A. tenuissima* TA178 beobachtet wurde. Der Pilz wurde auf Reis kultiviert, ein Extrakt nach 4 bzw. 8 Wochen hergestellt und das Toxinprofil mittels LC-DAD-MS/MS analysiert.

Deutlich lässt sich die Zunahme von Altenusin (Peak 7) und die Abnahme von AME (Peak 2), welcher durch Methylierung aus AOH gebildet wird, erkennen. Anhand der Strukturen kann daraus schlussgefolgert werden, dass als Zwischenprodukt das 4-HO-AME (Peak 5) gebildet wird, aus welchem dann durch Ringöffnung das Altenusin entsteht. Ein erneuter Ringschluss führt zum Dehydroaltenusin (Peak 8a und b), wobei dieses in zwei tautomeren Formen vorliegt (Kamisuki *et al.*, 2004). Die Bildung von Dehydroaltenusin aus Altenusin wurde auch durch Inkubation mit Oxidasen aus Kartoffel und Süßkartoffel gezeigt (Kameda und Namiki, 1974). Dies lässt vermuten, dass diese Reaktion auch im Pilz abläuft und durch ähnliche Enzyme katalysiert wird. Aus Demethylierung und Rearomatisierung von Dehydroaltenusin der tautomeren Form a resultiert zuletzt das Altertenuol. Diese Bildung kann auch bei Inkubation eines TA178-Gesamtextraktes bei 37°C für 1 h in Kaliumphosphat-Puffer (pH 7,4) beobachtet werden. Während die Peaks von 4-HO-AME und Altenusin zurückgehen, steigt die Menge an Altertenuol an (Daten nicht gezeigt). Zur Vervollständigung kann, abgeleitet von der Struktur und der Literatur, auch das Altenuen hinzugefügt werden, welches vermutlich durch zweifache Reduktion aus Dehydroaltenusin der tautomeren Form a gebildet wird (Stinson, 1985). Je nach Enzymausstattung des Pilzes findet die Synthese von ALT wahrscheinlich bevorzugt gegenüber der Bildung von Altertenuol statt, wobei nicht geklärt ist, welche Enzyme und ob teilweise auch Enzyme der Wirtspflanze an der Synthese bzw. am Abbau beteiligt sein könnten.

B.3.2 Genotoxizität von Alternaria-Gesamtextrakten und -Fraktionen

Zunächst wurden ein Gesamtextrakt von *A. alternata* TA7, kultiviert auf Reismehlextrakt, sowie die durch präparative HPLC gewonnen Fraktionen auf DNA-strangbrechende Wirkung in V79-Zellen mittels der Methode der Alkalischen Entwindung untersucht (Abb. 11). Der *Alternaria*-Gesamtextrakt zeigt trotz geringer Gesamttoxin-Konzentration eine deutliche Induktion von DNA-Strangbrüchen in V79-Zellen, die um ein Vielfaches höher liegt als nur durch AOH und AME alleine erklärt werden kann. Die Fraktionen, welche AOH (Fraktion C) und AME (Fraktion G) enthalten weisen erst bei Konzentrationen von 20 µM eine vergleichbare DNA-schädigende Wirkung auf. Durch Inkubation der Fraktionen mit ALT/iALT (Fraktion A.1), und 4-HO-AME (Fraktion E.2) konnte keine signifikante Induktion von DNA-Strangbrüchen in den im Gesamtextrakt vorhandenen Konzentrationen gemessen werden. Altenusin (Fraktion A.2) besitzt eine reaktive Catecholstruktur und ist in der Lage durch Redox-Cycling ROS zu bilden und somit die DNA oxidativ zu schädigen, wohingegen andere *Alternaria*-Toxine keine oxidativen DNA-Schäden induzieren (Anhang e). Durch diese Reaktivität und dadurch bedingten Instabilität wurde die Induktion von DNA-Strangbrüchen in diesem Falle nach 1 h Inkubation gemessen. Aufgrund eines fortgeschrittenen Abbaus von AOH können sich wie in Kap. B.3.1 beschrieben große Mengen an Altenusin anreichern und damit einen Beitrag zur genotoxischen Wirkung des Gesamtextrakt liefern.

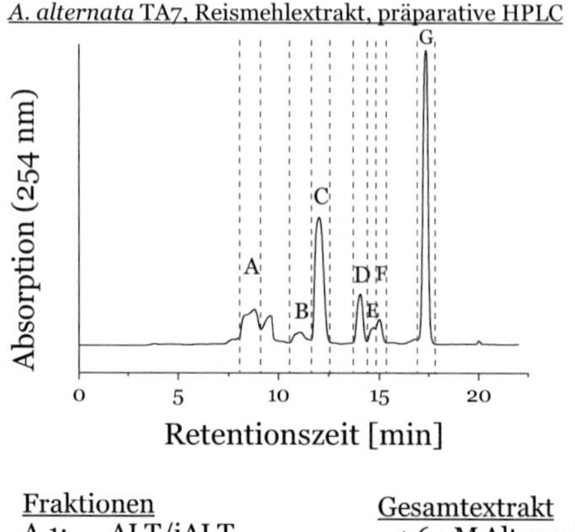

Fraktionen		Gesamtextrakt
A.1:	ALT/iALT	1,6 µM Altensuin
A.2:	Altensuin	0,03 µM ATX I
B:	ATX I	0,5 µM AOH
	ALTCH	0,2 µM ATX II
C:	AOH	0,03 µM 4-HO-AME
D:	ATX II	0,05 µM STTX III
E:	ATX III	0,03 µM ATX III
	4-HO-AME	0,9 µM AME
	STTX III	3,3 µM Summe
E.2:	4-HO-AME	
F:	STTX III	
G:	AME	

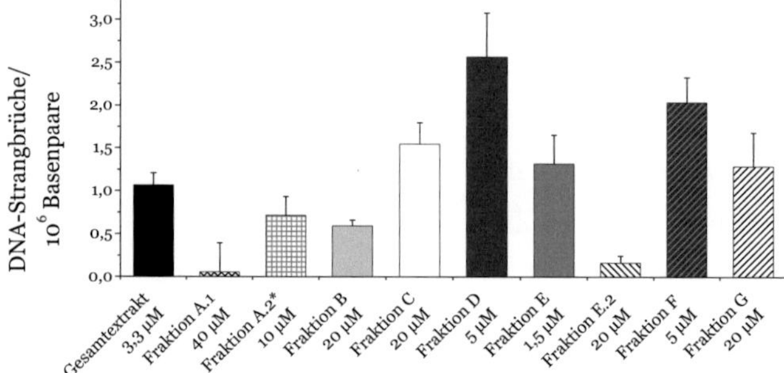

Abb. 11: Induktion von DNA-Strangbrüchen nach Behandlung von V79 Zellen mit einem Gesamtextrakt aus *A. alternata* TA7 sowie der durch präparative HPLC gewonnen Fraktionen. V79-Zellen wurden 3 h (* 1 h) mit den entsprechenden Substanzen und einer Endkonzentration von 1% EtOH inkubiert. Die Zusammensetzung des Extrakts und der Fraktionen wurde zuvor mittels LC-DAD-MS/MS bestimmt. Dargestellt sind die Mittelwerte ± Standardabweichung aus je mindestens drei unabhängigen Experimenten.

Die enthaltenen Mykotoxine mit Perylenchinon-Struktur liegen dagegen im Gesamtextrakt in wesentlich geringeren Konzentrationen von 0,03 bis 0,2 µM vor. Dennoch wirken die Fraktionen, welche diese Verbindungen beinhalten, stark genotoxisch. Somit kann davon ausgegangen werden, dass für die *Alternaria*-Toxine mit Perylenchinon-Struktur ATX II (Fraktion D), ATX III (Fraktion E) und STTX III (Fraktion F) ein höheres genotoxisches Potential zu erwarten ist.

Zur gezielten Toxin-Gewinnung und damit Bereitstellung ausreichender Mengen für eine toxikologische Untersuchung der *Alternaria*-Toxine mit Perylenchinon-Struktur wurde in Kooperation mit dem Max-Rubner-Institut (Arbeitskreis Prof. Geisen) der Stamm *A. alternata* MRI1293 auf Agar-Platten kultiviert. Durch Zugabe von NaCl kann das Toxin-Spektrum dahingehend modifiziert werden, dass die Produktion der Haupttoxine AOH und AME etwa um den Faktor 10 bis 20 unterdrückt wird. Das Muster der Perylenchinon-Derivate bleibt hingegen unbeeinflusst (Abb. 12).

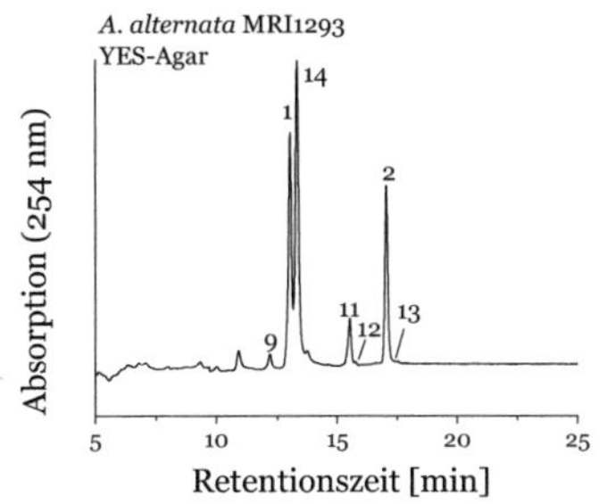

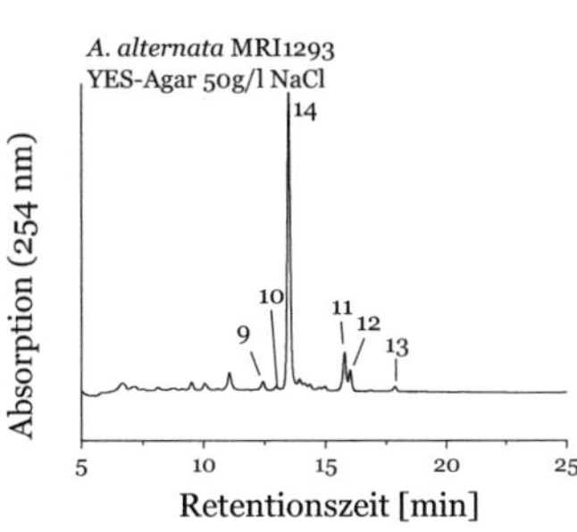

Abb. 12: HPLC-Chromatogramm eines Extrakts von *A. alternata* MRI1293 nach Kultivierung auf YES-Agar ohne (links) und mit Zusatz von 50 g/l NaCl (rechts). Die Zuordnung der Substanzen entspricht der in Abb. 9.

Da der größte Teil der gebildeten Mykotoxine im Mycel lokalisiert ist, wurde diese einfache Kultivierung von *A. alternata* auf Agar-Platten gegenüber der aufwendigeren Flüssigkultur bevorzugt. Durch Aufreinigung des Extrakts in ein bis zwei Fraktionierungs-schritten mittels präparativer HPLC wurden pro Petrischale mit 10 cm-Durchmesser 0,1 bis 1 mg Toxin gewonnen, sodass ausreichende Mengen an ATX I, ATX II und STTX III für eine systematische Prüfung der Genotoxizität im Vergleich zu AOH zur Verfügung stehen.

B.3.3 Genotoxizität und Mutagenität von *Alternaria*-Toxinen mit Perylenchinon-Struktur

Die isolierten *Alternaria*-Toxine mit Perylenchinon-Struktur wurden nun als Reinsubstanzen für die verschiedenen toxikologischen Untersuchungen eingesetzt.

<u>Stabilität und Zytotoxizität</u>

Die Stabilität der verschiedenen Toxine wurde in Zellkulturmedium (DMEM) mit und ohne Zusatz von 10% fötalem Kälberserum (FKS) untersucht (Abb. 13). Ein Proteinzusatz hatte keinen Einfluss auf die Stabilität der Verbindungen, da die Unterschiede zwischen den verschiedenen Medien innerhalb der Schwankungsbreiten lagen. ATX I und ALTCH weisen über einen Zeitraum von 3 h eine hohe Stabilität auf. Nach 24 h können noch etwa 30 bzw. 60% der Ausgangsverbindungen wiedergefunden werden. ATX II und STTX III besitzen dagegen eine hohe Instabilität und zerfallen innerhalb der ersten halben Stunde etwa zur Hälfte. Nach 3 Stunden können nur noch geringe Gehalte und nach 24 h überhaupt kein ATX II mehr gemessen werden. Etwa 8% der anfänglichen STTX III-Konzentration konnte

dagegen noch nach 24 h nachgewiesen werden. Anhand der Strukturmerkmale der Verbindungen lässt sich aus den Ergebnissen
schlussfolgern, dass das Vorhandensein einer Epoxid-Gruppe maß-
geblich für die Instabilität im Zellkulturmedium verantwortlich ist.
Eine zusätzliche Doppelbindung im Molekül, wie es bei ALTCH und
STTX III der Fall ist, scheint dagegen einen stabilisierenden Einfluss
in reinem Medium ohne Zellen zu besitzen.

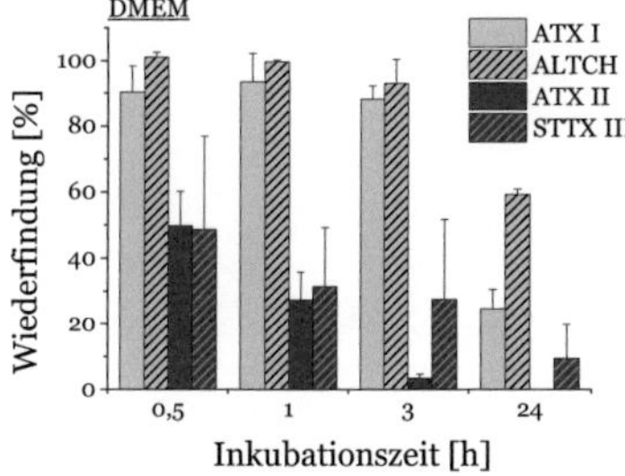
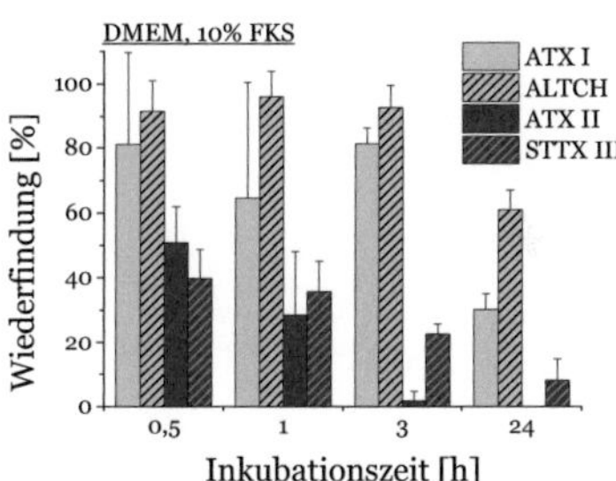

Abb. 13: Stabilität von ATX I, ALTCH, ATX II und STTX III in DMEM ohne FKS
(links) und DMEM mit 10% FKS (rechts). 1-10 nmol der entsprechenden Toxine wurde
in 200 µl Medium für 0,5, 1, 3 und 24 h bei 37°C und normaler Atmosphäre inkubiert,
extrahiert und die Wiederfindung mit LC-DAD-MS/MS bestimmt. Dargestellt sind die
Mittelwerte ± Standardabweichung aus je mindestens drei unabhängigen Experimenten.

Bei Inkubation der Perylenchinone mit V79-Zellen wurde die Vitalität der Zellen mit Hilfe des MTT (3-(4,5-Dimethylthiazol-2-yl)-2,5-
diphenyltetrazoliumbromid)-Tests untersucht. Lebende Zellen sind
in der Lage, den gelben MTT-Farbstoff aufzunehmen und durch mitochondriale Dehydrogenasen zu einem blauen Formazan-Farbstoff
zu reduzieren (Mosmann, 1983). Bei der Inkubation von V79-Zellen
für 1,5 h mit den verschiedenen Mykotoxinen wurde nur eine geringe Zytotoxizität festgestellt (Abb. 14). Die Perylenchinone ATX II,
ATX III und STTX III können in einem Bereich von 0,1-5 µM eingesetzt werden. Der Anteil an vitalen Zellen liegt hier bei minimal 70%.

ATX I und AOH zeigten in einem Konzentrationsbereich von 1-20 µM keine signifikante Toxizität. Bei Inkubation mit 20 µM AME sinkt die Vitalität auf etwa 70 %. Für die Testung der Genotoxizität können daher die angegebenen Konzentrationen verwendet werden.

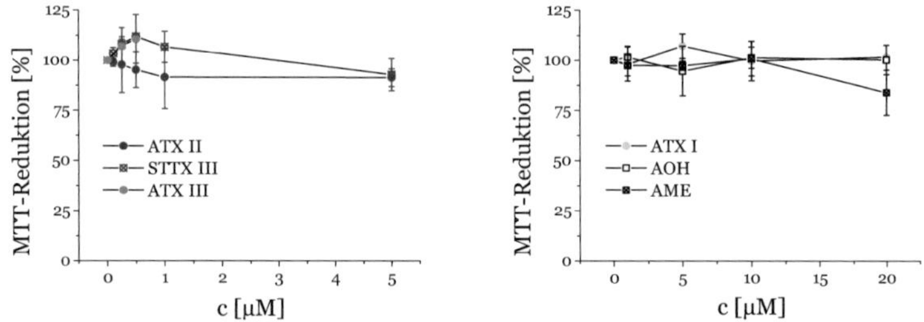

Abb. 14: Anteil vitaler V79-Zellen bezogen auf die Kontrolle ermittelt anhand der Reduktion des MTT-Farbstoffs. In einer 96-Well-Platte wurden V79-Zellen 1,5 h mit den Toxinen in den entsprechenden Konzentrationen inkubiert sowie 3 h mit MTT-Lösung nachinkubiert. Nach Extraktion des Farbstoffs aus den Zellen erfolgt die photometrische Messung bei 570 nm. Dargestellt sind die Mittelwerte ± Standardabweichung aus je mindestens drei unabhängigen Experimenten.

Genotoxizität

Induktion von DNA-Strangbrüchen

Das DNA-strangbrechende Potential wurde für die isolierten Mykotoxine in V79- und HepG2-Zellen mittels Alkalischer Entwindung untersucht (Abb. 15). Die erhaltenen Strangbruchraten für die Referenzverbindung AOH stimmen mit der Literatur überein (Pfeiffer *et al.*, 2007a). ATX I weist eine Induktion von DNA-Strangbrüchen in etwa der gleichen Größenordnung wie AOH auf, wobei bei 20 µM ein Plateau erreicht wird. ALTCH wirkte in einem Konzentrationsbereich von 1-20 µM nicht genotoxisch auf V79-Zellen.

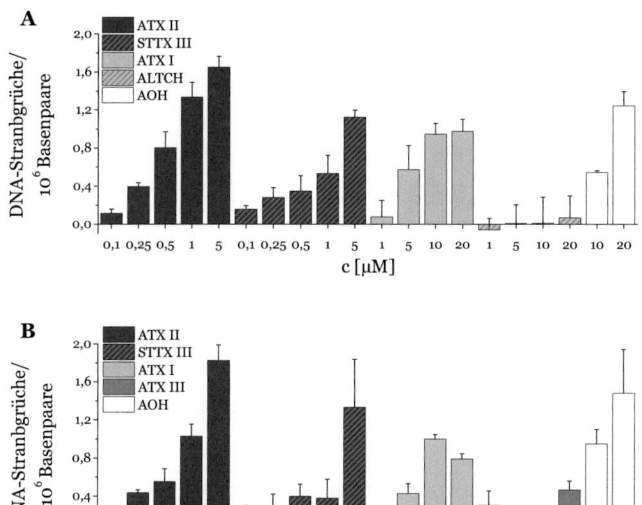

Abb. 15: Induktion von DNA-Strangbrüchen durch die *Alternaria*-Toxine ATX I, ATX II, ATX III, ALTCH, STTX III und AOH in V79- (A) und HepG2-Zellen (B). Die Zellen wurden 1,5 h mit den entsprechenden Substanzen und einer Endkonzentration von 1% EtOH inkubiert. Dargestellt sind die Mittelwerte ± Standardabweichung aus je mindestens drei unabhängigen Experimenten.

Für ATX II konnte dagegen ein konzentrationsabhäniger, starker genotoxischer Effekt gemessen werden. Hierbei wurden bei einer Konzentration von 0,5 bzw. 1 µM genauso viele DNA-Strangbrüche erhalten wie für 10 bzw. 20 µM AOH. Damit weist ATX II ein mindestens 20-fach stärkeres genotoxisches Potential auf als AOH. Auch für STTX III zeigt sich eine konzentrationsabhängige Steigerung der DNA-Strangbrüche, welche jedoch etwas schwächer ist als für ATX II. Bei Vergleich mit den Strangbruchraten von AOH, ergibt sich hier ein etwa um den Faktor 10 stärkerer Effekt. Zwischen den beiden Zelllinien V79 und HepG2 zeigt sich kein signifikanter Unterschied in der Induktion von DNA-Strangbrüchen. Das genotoxische Potential wurde für ATX III nur in HepG2-Zellen untersucht. Aufgrund der geringen Stabilität und Löslichkeit ergaben sich starke Schwankungen der Werte und nur ein bedingt konzentrationsabhängiger Effekt. Während die Strangbrüche für 0,25 µM im gleichen Bereich wie für ATX II und STTX III liegen, wird für 5 µM ein ähnlicher Wert wie für ATX I erhalten.

Die Unterschiede in der Induktion von DNA-Strangbrüchen kann auf die chemische Struktur zurückgeführt werden, da für die stärkere genotoxische Wirkung das Vorhandensein einer Epoxid-Gruppe verantwortlich gemacht wird. Dies konnte bei der Testung der Mutagenität von ATX I, II und III im Ames-Test gezeigt werden (Stack *et al.*, 1986). Die Perylenchinone ATX I und ALTCH enthalten keine Epoxid-Gruppe und zeigen daher ähnliche Effekte wie die Dibenzo-α-pyrone. ALTCH konnte im gewählten Konzentrationsbereich zwar keinen DNA-Schaden induzieren, jedoch wurden höhere Konzentrationen aufgrund von Substanzmangel nicht getestet, sodass eine genotoxische Wirkung nicht ausgeschlossen werden kann. Die beiden Verbindungen ATX II und STTX III weisen jeweils eine Epoxid-Gruppe in ihrer Struktur auf und zeigen eine sehr viel höhere Genotoxizität als AOH. ATX III, welches zwei Epoxid-Gruppen besitzt, kann für die Induktion von DNA-Strangbrüchen nicht in die im Ames-Test erhaltene Rangfolge eingereiht werden. Die Toxizität wird hier vermutlich aufgrund von Instabilität und Löslichkeit sowie der daraus folgenden fehlenden Aufnahme in die Zellen abgeschwächt.

Interaktion mit DNA und humanen Topoisomerasen

Als Mechanismus für die Toxizität von AOH und AME wird die Hemmung der Topoisomerasen (Topo) I und II angesehen (Fehr *et al.*, 2009). Deswegen wurde deren Inhibierung anhand einer *in vitro*-Methode basierend auf der Auftrennung von superspiralisierter und relaxierter Plasmid-DNA mittels Agarose-Gelelektrophorese untersucht. Da viele Substanzen, die eine Bindungsaffinität zur kleinen Furche der DNA aufweisen, die Funktion der Topo I und II beinträchtigen, wurde auch die Interaktion der Toxine mit doppelsträngiger DNA untersucht. Durch Verdrängung von Ethidiumbromid kann eine Interkalation in die DNA nachgewiesen werden, die Verdrängung des Hoechst 33258-Farbstoffs liefert eine Aussage über eine mögliche Bindung an die kleine Furche der DNA.

Die Bestimmung einer Interkalation in die DNA durch die *Alternaria*-Toxine ist in Abb. 16 (links) dargestellt und zeigt deutlich, dass keine Verbindung in der Lage ist, den Fluoreszenzfarbstoff Ethidiumbromid signifikant von der DNA-Bindungsstelle zu verdrängen. Für die Positivkontrolle Actinomycin D beträgt der EC_{50}-Wert $3{,}0 \pm 0{,}1\ \mu M$.

Als Positivkontrolle zur Verdrängung von Hoechst 33258 von der kleinen Furche wurde Pentamidin eingesetzt, dessen EC_{50}-Wert bei $7{,}3 \pm 0{,}7\ \mu M$ liegt (Abb. 16, rechts). AOH zeigt ebenfalls eine Fluoreszenzabnahme und besitzt einen EC_{50}-Wert von $23{,}9 \pm 2{,}2\ \mu M$. Für AME kann zwar im niedrigen Konzentrationsbereich eine ähnliche Abnahme wie für AOH gemessen werden, diese bleibt jedoch ab $5\ \mu M$ konstant und sinkt nicht weiter ab. Für ATX II wird ein leichter Abfall der Fluoreszenz gemessen, was auf eine Interaktion mit der kleinen Furche hindeutet. Jedoch erfolgt dies erst bei sehr hohen Konzentrationen, wodurch nicht davon auszugehen ist, dass hierdurch ein wesentlicher Beitrag zur Genotoxizität geleistet wird. Alle

anderen *Alternaria*-Toxine verändern, wenn überhaupt, nur gering-
fügig die Topologie der DNA.

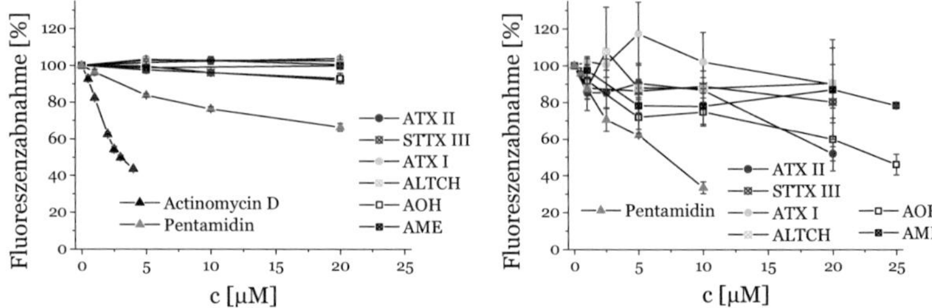

Abb. 16: Interaktion der *Alternaria*-Toxine mit doppelsträngiger Kalbsthymus-DNA.
Links: Ethidiumbromid-Verdrängungsassay, rechts: Hoechst-Verdrängungsassay. Auf-
getragen ist die Abnahme der Fluoreszenz bezogen auf die Kontrolle. Dargestellt sind
die Mittelwerte ± Standardabweichung aus je mindestens drei unabhängigen Experimenten.

Aktive Topo I ist in der Lage superspiralisierte Plasmid-DNA zu relaxieren. Die Negativkontrolle (NK) enthält nur superspiralisierte
DNA, die Lösemittelkontrolle (LK) enthält superspiralisierte DNA
und aktive Topo I, in Form eines Kernextraktes aus MCF-7 Zellen.
Um nur die Aktivität der Topo I zu erfassen, wird auf den Zusatz von
ATP verzichtet. Bei der Auftrennung durch Agarosegelelektrophorese wandert die superspiralisierte DNA aufgrund ihrer kompakten
Struktur weiter in das Gel. Findet also eine Hemmung der Topo I
statt, so verschiebt sich die Bande von der oberen relaxierten Form
hin zur unteren superspiralisierten. Die genaue Enzymkonzentration
zur vollständigen Relaxierung der superspiralisierten DNA wurde
dabei zunächst in Vorversuchen ermittelt.

Die Beeinflussung der katalytischen Aktivität der Topo I ist für die
einzelnen *Alternaria*-Toxine in einer Konzentration von 100 µM in
Abb. 17 dargestellt. Die Hemmung der hTopo I konnte für AOH be-

stätigt werden. Der Zusammenhang zwischen Liganden der kleinen Furche und der Hemmung der Topo I konnte auch schon für andere Substanzen gezeigt werden. Dabei wurde auch die Induktion von hochspezifischen DNA-Einzelstrangbrüchen nachgewiesen (Chen *et al.*, 1993). Für AME und die untersuchten Perylenchinone konnte keine Interaktion mit der Topo I gemessen werden.

NK	LK	Proben mit Testsubstanz						
-	-	AOH	AME	ATX I	ALT CH	ATX II	STTX III	
+	+	+	+	+	+	+	+	Plasmid-DNA (pBR322), 250 ng
-	+	+	+	+	+	+	+	Kernextrakt (MCF-7)
-	+	+	+	+	+	+	+	DMSO (3,3%)
-	-	100	100	100	100	100	100	Substanz [µM]

$\longleftarrow$ relaxiert

$\longleftarrow$ superspiralisiert

Abb. 17: Aktivitätsbestimmung der hTopo I mittels Relaxationsassay für die *Alternaria*-Toxine AOH, AME, ATX I, ALTCH, ATX II und STTX III. Nach Abstoppen der Inkubation der Substanzen mit dem Kernextrakt und Proteolyse werden die Plasmide im Agarosegel elektrophoretisch aufgetrennt. Die Abbildung zeigt ein repräsentatives Gel aus zwei unabhängigen Bestimmungen.

Für die Untersuchung der katalytischen Aktivität der Topo II wird komplexe, ineinander verkettete Kinetoplasten-DNA (kDNA) unter Energieaufwand zu DNA-Minizirkeln entknotet, was das Einführen von DNA-Doppelstrangbrüchen voraussetzt. Aufgrund ihrer hochmolekularen und komplexen Struktur ist die kDNA nicht in der Lage, aus den Taschen der Agarosegelelektrophorese in das Gel zu migrieren. Die DNA-Minizirkel wurden dagegen durch aktive Topo II mobilisiert und wandern ins Gel ein. Die genaue Enzymkonzentration zur vollständigen Dekatenierung der kDNA wurde dabei in Vorversuchen ermittelt. Die Hemmung der Topo IIα konnte für AOH und AME bestätigt werden (Abb. 18, links). Bei einer Konzentration von 50 μM kann eine deutliche Inhibierung der katalytischen Aktivität gemessen werden. Als weitere Positivkontrolle wurde das Topo II-Gift Etoposid in einer Konzentration von 100 μM verwendet. Alle getesteten Perylenchinone sind ebenfalls in der Lage die Topo IIα zu hemmen (Abb. 18, links). Dabei setzt die Hemmung schon bei 50-fach niedrigeren Konzentrationen ein.

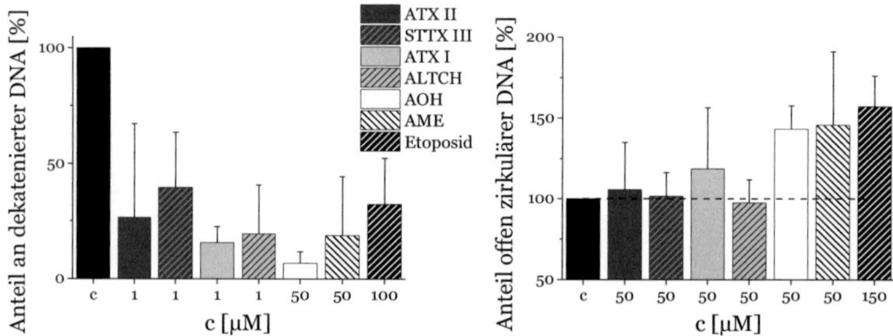

Abb. 18: Aktivitätsbestimmung der hTopo IIα. Nach Abstoppen der Inkubation der Substanzen mit hTopoII und ATP und Proteolyse werden die Minizirkel bzw. Plasmide im Agarosegel ohne (Dekatenierungsassay, links) oder mit Zugabe von Ethidiumbromid (Cleavageassay, rechts) elektrophoretisch aufgetrennt. Der Anteil an dekatenierter DNA bzw. der Anteil an offenzirkulärer DNA wurde densitometrisch mit der Software AIDA Image Analyzer ausgewertet. Dargestellt sind die Mittelwerte ± Standardabweichung aus je mindestens drei unabhängigen Experimenten.

Die Beeinflussung der Topo-Aktivität kann an drei Angriffspunkten erfolgen: die Hemmung durch direkte Wechselwirkung mit dem Enzym, durch Interaktion mit den DNA-Bindungssequenzen oder durch Funktionseinschränkung des Enzym-DNA-Komplexes. Letztere werden als Topoisomerase-Gifte bezeichnet und stabilisieren den Enzym-DNA-Komplex im Zustand des transienten DNA-Strangbruchs. Durch Zugabe von Proteinase K wird die Topo proteolytisch abgebaut, sodass die eingesetzte Plasmid-DNA mit einem

Strangbruch erhalten wird. Der Anstieg dieser offen zirkulären DNA kann durch eine Ethidiumbromid-haltige Agarosegelelektrophorese quantifiziert werden, da eine Abtrennung von der relaxierten und superspiralisierten DNA erfolgt. Die Ergebnisse des sogenannten Cleavage II-Assays sind in Abb. 18 (rechts) dargestellt. Für AOH konnte schon in vorangegangenen Studien die Wirkungsweise als Topo II-Gift gezeigt werden (Fehr *et al.*, 2009). Auch AME und Etoposid führen zu einem Anstieg an offen zirkulärer DNA und wirken daher ebenfalls als Topo II-Gifte. Die Perylenchinone ATX I, II, STTX III und ALTCH zeigen hingegen keinen signifikanten Anstieg der offen zirkulären DNA. Somit kann davon ausgegangen werden, dass die Hemmung der Topo IIα nicht durch eine Giftung bedingt ist. Die Hemmung kommt also entweder durch eine Interaktion mit dem Enzym oder der DNA-Bindungssequenzen zustande.

Induktion von DNA-Doppelstrangbrüchen

Um die Relevanz der Hemmung der Topoisomerasen für die Genotoxizität innerhalb der Zelle zu bestimmen, wurde die Induktion von DNA-Doppelstrangbrüchen anhand einer Immunfluoreszenz-Färbung des Proteins γH2AX untersucht. Die gebildeten Foki wurden unter dem Fluoreszenzmikroskop ausgezählt. H2AX ist eine Variante des Histons H2A und wird an einem Doppelstrangbruch in der DNA extensiv phosphoryliert, wodurch dieser für die DNA-Schadensantwort markiert wird (Löbrich *et al.*, 2010).

Die durch die *Alternaria*-Toxine induzierten DNA-Doppelstrangbrüche in V79-Zellen sind in Abb. 19 abgebildet. Als Positivkontrolle wurde das Topo II-Gift Etoposid eingesetzt. AOH zeigt eine konzentrationsabhängige Steigerung an γH2AX-Foki. Dies erfolgt auch schon bei Konzentrationen, bei denen noch keine DNA-

Strangbrüche mit der Alkalischen Entwindung gemessen werden können (0,25-1 µM). Somit kann für AOH davon ausgegangen werden, dass für die genotoxische Wirkung vor allem die Hemmung der Topo IIα verantwortlich ist. Eine Steigerung der DNA-Doppelstrangbrüche wird ebenfalls für AME beobachtet, welche jedoch viel schwächer ausgeprägt ist als für AOH. Zudem sind für 0,25 und 0,5 µM mittels Alkalischer Entwindung bereits DNA-Strangbrüche nachweisbar. Die Hemmung der Topo IIα steht somit nicht im Vordergrund der genotoxischen Wirkung von AME. Auch die fehlende Topo I-Hemmung, welche für AOH gezeigt werden konnte, lässt auf weitere Mechanismen der Genotoxizität schließen. Für ATX I und STTX III kann keine Induktion von DNA-Doppelstrangbrüchen gemessen werden. Ein nur leichter Anstieg der Anzahl an γH2AX-Foki zeigt sich für ATX II. Dieser wird jedoch erst bei Konzentrationen gemessen, bei denen der Anteil an doppelsträngiger DNA bei der Alkalischen Entwindung auf ein Minimum reduziert ist. Durch die starke Fragmentierung der DNA wird vermutlich auch ein geringer Teil an H2AX phosphoryliert. Damit kann ausgeschlossen werden, dass mechanistisch ausschließlich die Hemmung der Topo IIα für die Induktion von DNA-Strangbrüchen durch ATX II verantwortlich ist.

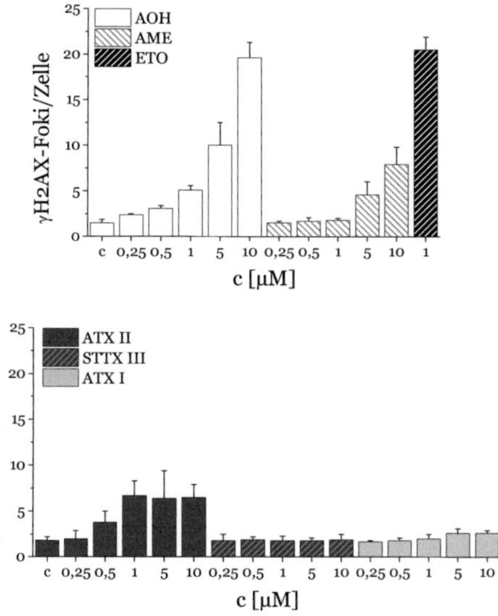

Abb. 19: Induktion von DNA-Doppelstrangbrüchen in V79-Zellen gemessen anhand der Bildung von γH2AX-Foki. V79-Zellen wurden 1 h mit den entsprechenden Konzentrationen an AOH, AME und ETO (oben) bzw. mit ATX II, STTX III und ATX I (unten) auf Deckgläschen inkubiert. Nach der Fixierung und Immunofluoreszenzfärbung wurden die gebildeten γH2AX-Foki mikroskopisch in Zellen der G1-Phase ausgezählt. Dargestellt sind die Mittelwerte ± Standardabweichung aus je mindestens drei unabhängigen Experimenten.

Die Hemmung der Topo IIα durch die *Alternaria*-Toxine ATX I, II und STTX III findet unter zellfreien Bedingungen mit isolierten Enzymen statt, jedoch resultiert diese Hemmung nicht in der Induktion von DNA-Doppelstrangbrüchen in kultivierten Zellen. Die mit der Alkalischen Entwindung gemessenen DNA-Strangbrüche müssen daher durch andere Mechanismen gebildet werden. Insgesamt weisen die bisher gezeigten Daten für die Perylenchinon-Derivate ausdrücklich auf eine andere genotoxische Wirkungsweise als für AOH und AME hin.

Mutagenität

Die Mutagenität der *Alternaria*-Toxine wurde in V79-Zellen mit Hilfe des HPRT-Tests untersucht (Abb. 20). Durch das Enzym Hypoxanthin-Guanin-Phosphoribosyltransferase werden im sogenannten „Salvage-Pathway" etwa 90% der Purine recycelt. Das hprt-Gen ist auf dem X-Chromosom lokalisiert. Vorwärtsmutationen wie Leserasterverschiebungen, Basenpaar-substitutionen oder kleinere Deletionen führen zum Verlust der Enzymfunktion und damit einer Resistenz gegenüber toxischen Basenanaloga wie z.B. 6-Thioguanin. HPRT-Mutanten führen ausschließlich eine *de novo*-Synthese der Purine durch und überleben daher in Anwesenheit von 6-Thioguanin (Stout und Caskey, 1985).

Die Mutagenität der verschiedenen *Alternaria*-Toxine ist in Abb. 20 dargestellt. Die schwache Mutagenität von AOH im HPRT-Test konnte bestätigt werden (Brugger *et al.*, 2006). Die Inkubation mit 10 µM AOH führt zu einem Anstieg der Mutantenfrequenz, jedoch ebenfalls zu einer ausgeprägten Zytotoxizität, die sich in einer Koloniebildungsfähigkeit von nur etwa 10% äußert. Zudem zeigen die Zellen nach 24 h Substanzbehandlung einen starken G2/M-Arrest. Im Gegensatz dazu führen die getesteten Perylenchinonen zu keiner Beeinflussung der Zellzykluses. Die Daten zur Zellzyklusverteilung sowie weitere Werte zur Zytotoxizität im HPRT-Test sind im Anhang (a+b) dargestellt.

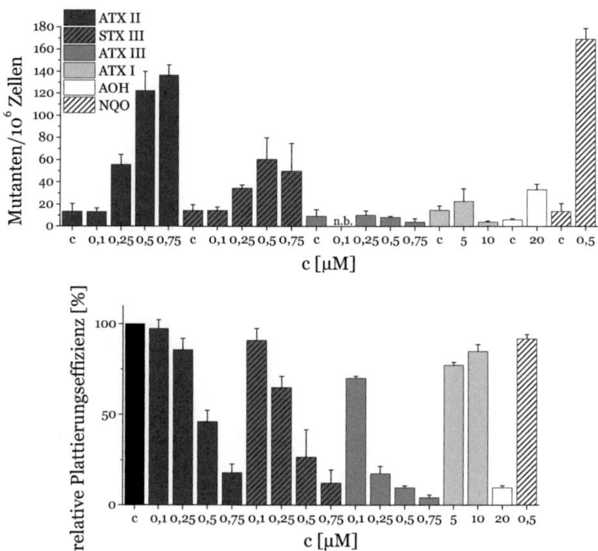

Abb. 20: Mutagenität von ATX II, STTX III, ATX III, ATX I, AOH und NQO im HPRT-Test in V79-Zellen nach 24 h Inkubation. Oben: Mutantenfrequenz zum Zeitpunkt der Selektion, unten: Koloniebildungsfähigkeit nach 24 h Substanzinkubation der V79-Zellen. Dargestellt sind die Mittelwerte ± Standardabweichung aus je mindestens drei unabhängigen Experimenten. n.b., nicht bestimmt.

Während für ATX I die fehlende Mutagenität und Zytotoxizität bestätigt wurden (Schrader *et al.*, 2006), konnte für ATX II die bei weitem höchste Mutagenitätsrate gemessen werden. Bei einer Konzentration von 0,25 µM wurden etwa doppelt so viele Mutanten wie für 20 µM AOH erhalten, womit ATX II mindestens 50-fach stärker mutagen ist. Die Koloniebildungsfähigkeit wird dabei nicht beeinflusst (ca. 90%). Die Mutagenität von ATX II steigt konzentrationsabhängig an, erreicht aber bei 0,75 µM aufgrund der Zytotoxizität ein Plateau. 4-Nitrochinolin-*N*-oxid (NQO) wurde als Positivkontrolle verwendet. Dabei wurde für 0,5 µM NQO eine Mutantenanzahl in der gleichen Größenordnung wie für 0,5 µM ATX II erhalten. STTX III steigerte ebenfalls konzentrationsabhängig die Mutantenfrequenz, allerdings nicht so stark wie ATX II. Die Zytotoxizität dagegen liegt im gleichen Bereich wie für ATX II. Im Vergleich zu ATX II ist STTX III bei einer Konzentration von 0,5 µM etwa um den Faktor 2 schwächer mutagen, aber immer noch etwa 40-fach stärker als AOH.

Die starke Mutagenität von ATX III im bakteriellen Ames-Test kann auf den HPRT-Test in Säugerzellen nicht übertragen werden. Nach 24 h Substanzbehandlung wurde ab 0,25 µM eine hohe Zytotoxizität gemessen, sodass keine Mutanten erhalten wurden. Dieses Testsystem ist daher nicht geeignet um ATX III in diesem Konzentrationsbereich als Mutagen zu identifizieren.

B.3.4 Resorption und Metabolismus von Alternaria-Toxinen mit Perylenchinon-Struktur

Neben dem Nachweis der Genotoxizität und Mutagenität von Verbindungen ist für eine Risikobewertung von Interesse, die Aufnahme und den Metabolismus zu kennen. Dies soll *in vitro* anhand des Caco-2-Zellmodells und durch Inkubationen mit Zellfraktionen und isolierten Enzymen untersucht werden. Für AOH und AME wurden diese Daten in unserem Arbeitskreis bereits erhoben (Pfeiffer *et al.*, 2007c, Burkhardt *et al.*, 2009). Von besonderem Interesse sind daher nun die Toxikokinetik und der Metabolismus der *Alternaria*-Toxine mit Perylenchinon-Struktur.

Resorptionsstudien mit dem Caco-2-Zellmodell

Zur Abschätzung der humanen, intestinalen Bioverfügbarkeit wird das Caco-2-Zellmodell eingesetzt. Diese humanen Kolonkarzinomzellen differenzieren nach Erreichen der Konfluenz und bilden dann einen Dünndarm-ähnlichen Monolayer aus. Kultiviert auf einer semipermeablen Membran unterteilen die Zellen so ein apikales und ein basolaterales Kompartiment (Yee, 1997, van Breemen und Li, 2005). Die Zellen wurden im Transwell®-System von der apikalen Seite her mit den verschiedenen *Alternaria*-Toxinen mit Perylen-chinon-Struktur inkubiert und die Medien beider Kompartimente sowie das Zelllysat mittels LC-DAD-MS untersucht. Dieses Ergebnis wurde inzwischen publiziert (Fleck *et al.*, 2013a).

Wie in Tab. 4 zusammengefasst, wurden zunächst differenzierte Ca-co-2-Zellen für 30 min mit ATX I, ALTCH, ATX II und STTX III in-kubiert und die metabolische Stabilität sowie die Verteilung der To-xine zwischen den Kompartimenten bestimmt. Die chemische Stabilität ergab sich durch Inkubation für 30 min bei 37°C von je 1 nmol Toxin in HBSS („Hank's buffered salt solution"), welches als Inkubationsmedium verwendet wurde. Die Wiederfindung betrug rund 70% für ATX I und ALTCH. ATX II wurde nur zu etwa 55% wieder-gefunden und STTX III besitzt mit 38% die geringste chemische Stabilität in HBSS. Bei Inkubation des Caco-2-Zellmonolayers mit ATX I für dieselbe Zeit, werden etwa 6% der Ausgangsmenge auf der basolateralen Seite und 2% innerhalb der Zellen detektiert. Die Wie-derfindung liegt zusammen mit dem apikalen Anteil im gleichen Be-reich wie ohne Zellen. ALTCH zeigte ebenfalls den Übergang ins basolaterale Kompartiment und wird auch zu einem geringen Anteil innerhalb der Zellen wiedergefunden. Jedoch ist die Wiederfindung insgesamt geringer als ohne Zellen, was auf eine Interaktion von ALTCH mit den Zellen hindeutet. Der gleiche Verlust wird auch bei der Inkubation mit ATX II beobachtet. Hier sind jedoch nur noch etwa 15% der Ausgangsverbindung im apikalen und basolateralen Kompartiment vorhanden. Anhand der LC-DAD-MS-Analyse wurde die Bildung eines Metaboliten beobachtet, welcher durch Vergleich des Massen- und UV-Spektrums sowie der Cochromatographie mit einem authentischen Standard eindeutig als ATX I identifiziert wurde, was einer reduktiven Deepoxidierung von ATX II entspricht. Auch bei Aufsummieren der Stoffmengen von Ausgangssubstanz und Metabolit und unter Berücksichtigung der chemischen Instabilität konnten insgesamt etwa 35% des eingesetzten ATX II nicht wiedergefunden werden.

Tab. 4: Wiederfindungen der *Alternaria*-Toxine bei Inkubation in HBSS und in den verschiedenen Kompartimenten das Caco-2-Transwell®-Systems (TWS) nach Inkubation von 1 nmol Toxin für 30 min bei 37°C, bestimmt mittels LC-DAD-MS/MS. Die Metaboliten von ATX II und STTX III sind ATX I bzw. ALTCH. Dargestellt sind die Mittelwerte ± Standardabweichung aus je mindestens drei unabhängigen Experimenten ausgedrückt als nmol Substanz. a Summe A, Summe des Ausgangstoxins im apikalen, basolateralen und zellulären Kompartiment; b Summe M, Summe des Metaboliten im apikalen, basolateralen und zellulären Kompartiment; c Total, Summe A plus Summe M; d Verlust im TWS, Unterschied zwischen der Wiederfindung in HBSS und der Gesamtwiederfindung aus dem TWS (Summe A plus Summe M); [e] n.d., nicht detektiert (<0.001 nmol).

| Toxin | HBSS | Ausgangstoxin (TWS) | | | | Metabolit (TWS) | | | | Total [c] | Verlust (TWS)[d] |
		apikal	baso-lateral	Zellen	Summe A[a]	apikal	baso-lateral	Zellen	Summe M[b]		
ATX I	**0.699** ± **0.023**	0.592 ± 0.144	0.060 ± 0.014	0.020 ± 0.023	0.672	n.d.[e]	n.d.	n.d.	0	**0.672**	**0.027**
ALTCH	**0.721** ± **0.029**	0.485 ± 0.176	0.039 ± 0.012	0.007 ± 0.002	0.531	n.d.	n.d.	n.d.	0	**0.531**	**0.190**
ATX II	**0.548** ± **0.074**	0.152 ± 0.026	0.003 ± 0.001	n.d.	0.155	0.130 ± 0.046	0.041 ± 0.011	0.029 ± 0.023	0.200	**0.355**	**0.193**
STTX III	**0.376** ± **0.066**	0.061 ± 0.020	n.d.	n.d.	0.061	0.022 ± 0.006	0.010 ± 0.004	0.010 ± 0.010	0.042	**0.103**	**0.273**

Ähnliche Ergebnisse wurden für STTX III erhalten. Auch hier war die Wiederfindung der Ausgangssubstanz mit 6% nur gering. Nach vermutlich dem gleichen Prinzip wie bei ATX II wird auch hier ein reduktiv deepoxidierter Metabolit gebildet, der anhand seines Massen- und UV-Spektrums sowie der Retentionszeit als ALTCH identifiziert wurde. Der Verlust bei Inkubationen von STTX III mit Caco-2-Zellen gegenüber Kontrollinkubationen ohne Zellen beträgt über 72%. Insgesamt zeigen die beiden Perylenchinone, die eine Epoxid-Gruppe enthalten einen höheren Verlust in Gegenwart von Zellen und werden zudem durch die Caco-2-Zellen in Form einer reduktive Deepoxidierung metabolisiert. Das Vorhandensein einer zusätzlichen Doppelbindung und damit einer α/β-ungesättigten Carbonylfunktion erhöht ebenfalls die Instabilität bei Inkubationen mit Zellen (Tab. 4).

Der Zeitverlauf der Verteilung der Toxine und ihrer Metaboliten in den beiden Kompartimenten ist für ATX I und ALTCH in Abb. 21 und für ATX II und STTX III in Abb. 22 dargestellt. Alle vier Toxine werden von den Caco-2-Zellen aufgenommen und auf die basolaterale Seite abgegeben. ATX I und ALTCH zeigen eine ähnliche Kinetik, wobei aufgrund der etwas geringeren Stabilität von ALTCH in Gegenwart von Zellen der Gehalt im apikalen Kompartiment schneller abnimmt. Auch die beiden Epoxide ATX II und STTX III zeigen ähnliche Kinetiken. Die Gehalte im apikalen Kompartiment nehmen aber im Vergleich zu ATX I und ALTCH wesentlich schneller ab. Nur ein geringer Anteil der Ausgangstoxine erreicht die basolaterale Seite. Gleichzeitig nimmt die Menge an den gebildeten Metaboliten ATX I bzw. ALTCH zu, welche sowohl apikal als auch basolateral zu finden sind. Insgesamt werden für STTX III jedoch viel geringere Konzentrationen detektiert.

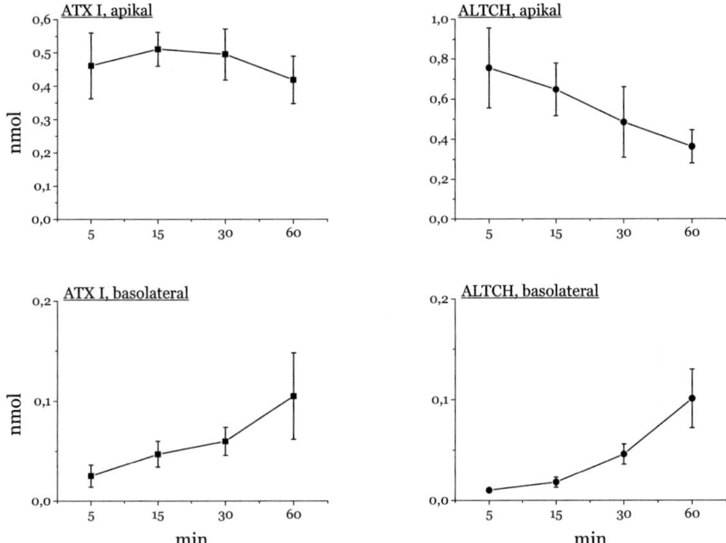

Abb. 21: Zeitverlauf der apikalen (oben) und basolateralen (unten) Stoffmengen der Ausgangstoxine nach Inkubation von Caco-2-Zellen im Transwell®-System mit 10 µM (1 nmol) ATX I (links) und ALTCH (rechts). Dargestellt sind die Mittelwerte ± Standardabweichung aus je mindestens drei unabhängigen Experimenten.

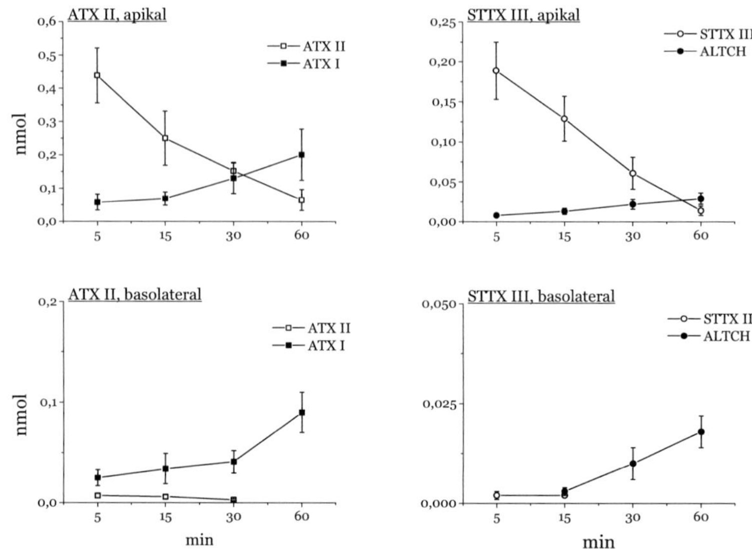

Abb. 22: Zeitverlauf der apikalen (oben) und basolateralen (unten) Stoffmengen der Ausgangstoxine und deren Metaboliten nach Inkubation von Caco-2-Zellen im Transwell®-System mit 10 µM (1 nmol) ATX II (links) und STTX III (rechts). Dargestellt sind die Mittelwerte ± Standardabweichung aus je mindestens drei unabhängigen Experimenten.

Anhand der gemessenen Menge, die in einer bestimmten Zeit vom apikalen in das basolaterale Kompartiment transportiert wurde, wird der apparente Permeabilitätskoeffizient (P_{app}) berechnet, welcher durch Korrelation von *in vitro*- mit *in vivo*-Daten eine Aussage über die intestinale Resorption im Menschen zulässt. Substanzen mit niedriger Resorption zwischen 0 und 20% weisen P_{app}-Werte $<10^{-6}$ cm s^{-1} und mit mittlerer Resorption (20-70%) P_{app}-Werte zwischen 10^{-6} und 10×10^{-6} cm s^{-1} auf. Bei einer hohen zu erwartenden Aufnahme größer als 70% liegen die P_{app}-Werte über einem Wert von 10×10^{-6} cm s^{-1} (Yee, 1997). Die P_{app}-Werte für die untersuchten Perylenchinone und die verschiedenen Zeitpunkte sind in Tab. 5 zusammengestellt.

Tab. 5: P_{app}-Werte, ausgedrückt als 10^{-6} cm x s^{-1}, berechnet für die einzelnen Zeitintervalle einer apikalen Inkubation von Caco-2-Zellen im Transwell®-System und einer Ausgangskonzentration von 10 µM ATX I, ALTCH, ATX II und STTX III. Dargestellt sind die Mittelwerte ± Standardabweichung von je mindestens drei unabhängigen Experimenten. [a] Summe von ATX II und seinem Metaboliten ATX I; [b] Summe von STTX III und seinem Metaboliten ALTCH; [c] n.k., nicht kalkulierbar.

Zeit [min]	ATX I	ALTCH	ATX II		STTX III	
			Ausgangstoxin	Total[a]	Ausgangstoxin	Total[b]
5	25.1 ± 13.0	9.9 ± 2.0	7.1 ± 1.9	32.7 ± 10.7	2.4 ± 0.9	2.4 ± 0.9
15	14.4 ± 3.8	5.6 ± 1.8	1.9 ± 0.7	13.1 ± 4.9	0.6 ± 0.2	1.4 ± 0.1
30	10.1 ± 2.4	7.0 ± 1.5	0.6 ± 0.2	7.2 ± 1.9	n.k.[c]	1.3 ± 0.5
60	7.5 ± 2.4	9.4 ± 2.3	n.k.	7.4 ± 1.7	n.k.	1.4 ± 0.2

Die chemisch eher stabilen Perylenchinone ATX I und ALTCH weisen P_{app}-Werte auf, die eine mittlere bis hohe Resorption *in vivo* vermuten lassen. Die Epoxid-Gruppe der beiden Toxine ATX II und STTX III führen dagegen zu einer geringeren Stabilität und zu einem

Metabolismus durch die Caco-2-Zellen. Dadurch ist die Aufnahme ins Pfortader-Blut durch die Epithelzellen gering. Wird der Metabolismus bei der Berechnung der P_{app}-Werte mit einbezogen, so wird die Resorptionsrate von ATX II ins Pfortader-Blut auf eine mäßige Resorption gesteigert. Der Vergleich mit den Dibenzo-α-pyronen zeigt, dass AME ebenfalls einem intensiven Metabolismus durch die Caco-2-Zellen unterliegt und in diesem Fall nur in Form seines Glucuronids aufgenommen wird. AOH hingegen wird trotz Glucuronidierung rasch auf die basolaterale Seite abgegeben und die berechneten P_{app}-Werte liegen im gleichen Bereich wie für ATX I und ALTCH (Burkhardt et al., 2009). AOH besitzt daher vermutlich eine hohe systemische Verfügbarkeit, während die Toxizität von AME nur lokal eine Rolle spielt. Analog hierzu kann auch für die beiden Epoxide ATX II und STTX III von einer lokalen und bei ATX I und ALTCH von einer systemischen Verfügbarkeit ausgegangen werden.

In vitro-Metabolismus

Bei Inkubation von Caco-2-Zellen innerhalb der Resorptionsversuche konnte ein ausgeprägter Metabolismus der Perylenchinone mit Epoxid-Gruppe festgestellt werden. Dabei wird ATX II zu ATX I und STTX III zu ALTCH umgewandelt. Für die Dibenzo-α-pyrone AOH, AME und ALT wurde in unserem Arbeitskreis bereits der *in vitro*-Metabolismus untersucht, wobei Hydroxylierungs- und Konjugationsreaktionen-Reaktionen beschrieben wurden (Pfeiffer *et al.*, 2007c, Pfeiffer *et al.*, 2009a, Pfeiffer *et al.*, 2009c). Für eine Bewertung der Toxizität einer Substanz ist die Kenntnis des Metabolismus im Körper entscheidend, da es sowohl zu einer Entgiftung als auch zu einer Giftung der Wirkung kommen kann. Daher sollte auch für die *Alternaria*-Toxine mit Perylenchinon-Struktur der *in vitro*-Metabolismus untersucht werden.

Allgemeine Funktionalisierungs- und Konjugationsreaktionen

Um neben der reduktiven Deepoxidierung auch andere mögliche Biotransformationen zu untersuchen wurden die *Alternaria*-Toxine mit verschiedenen zellulären Fraktionen oder isolierten Enzymen und deren entsprechenden Cosubstrate inkubiert. Die Epoxide ATX II und STTX III wurden als elektrophile Verbindungen zudem mit den Thiolen Glutathion (GSH), N-Acetylcystein (NAC) oder 2-Mercaptoethanol (ME) umgesetzt. Anschließend wurden die Inkubationslösungen mit LC-DAD-MS/MS analysiert. Die zu erwartenden Reaktionen sowie die tatsächlich aufgetretenen Produkte sind in Tab. 6 zusammengefasst. Mit keinem der getesteten Perylenchinone konnten klassische Phase I- oder Phase II-Reaktionen, wie z.B. Hydroxylierung durch CYPs, Glucuronidierung durch UGTs, oder durch cytosolische Dehydrogenasen vermittelte Redoxreaktionen nachgewiesen werden.

Tab. 6: Umsetzung der Perylenchinone mit verschiedenen Zellfraktionen oder isolier-ten Enzymen sowie Thiolen. Dargestellt sind die zu erwartenden Reaktionen und die tatsächlich aufgetretenen Reaktionsprodukte. [a] aus Rattenleber, [b] rekombinant aus *E. coli,* [c] nur für ATX II wird ein Addukt erhalten.

	zu erwartende Reaktion	aufgetretene Produkte
ATX I, II, III, STTX III, ALTCH		
Mikrosomen[a] + NADPH	Hydroxylierung	-
Mikrosomen[a]+ UDPGA	Glucuronidierung	-
Cytosol[a] + NADH/NAD+	Reduktion/Oxidation	-
ATX II, STTX III		
Epoxidhydrolase[b]	Epoxidhydrolyse	-
Glutathion (GSH)	Adduktbildung	GSH-Addukt
N-Acetylcystein (NAC)	Adduktbildung	NAC-Addukt
2-Mercaptoethanol (ME)	Adduktbildung	ME-Addukt[c]

Epoxide werden in der Regel in der Zelle über zwei Wege entgiftet: durch hydrolytische Ringöffnung oder durch nukleophilen Angriff von thiolhaltigen Molekülen wie GSH. ATX II und STTX III stellen jedoch kein Substrat der verwendeten Epoxidhydrolase dar, sodass dieser wichtige Inaktivierungsweg für diese Moleküle möglicher-weise keine Rolle spielt. Dagegen konnten in zellfreien Inkubationen mit GSH und NAC jeweils ein Thiol-Addukt von ATX II und STTX III detektiert werden. Mit ME reagiert nur ATX II zu einem Addukt. Die Umsetzung von ATX II und STTX III mit NAC ergibt etwa den gleichen Umsatz an Thiol-Addukt. Im Falle des Diepoxids ATX III konnte mit keinem der getesteten Thiole eine Adduktbil-dung beobachtet werden.

Da neben den niedermolekularen Thiolen in der Zelle auch höhermolekulare Thiol-Verbindungen wie z.B. Proteine vorhanden sind, wurde die Reaktivität der Perylenchinone mit verschiedenen Proteinen getestet. In Abb. 23 sind die Wiederfindungen der *Alternaria*-Toxine mit Perylenchinon-Struktur nach Inkubation mit verschiedenen Proteinen dargestellt. Während Albumin nur über eine nicht-reaktive Cystein-Gruppe verfügt, ist Tubulin durch die Beteiligung an der Mikrotubuli-Polymerisation reich an reaktiven Cystein-Resten. Die höchste Reaktivität wurde dabei für ATX II festgestellt, da hier teilweise sehr niedrige Wiederfindungsraten im Vergleich zur Kontrolle gefunden wurden. Auch ALTCH zeigt eine gewisse Reaktivität gegenüber Tubulin, vermutlich aufgrund der vorhandenen α,β-ungesättigten Carbonyl-Funktion. Die Inkubation der Epoxide ATX II, III und STTX III mit Epoxidhydrolase weist eine hohe Wiederfindung auf und führt nicht zu einer erwarteten Bildung von Diolen. Der niedrige Proteingehalt dieser Inkubationen übt möglicherweise auch eine stabilisierende Wirkung aus. Ein hoher nicht-extrahierbarer Anteil, bedingt durch eine Bindung an Proteine, wurde auch bei Inkubation von ATX II mit Mikrosomen und Cytosol gemessen. Dieser ist für ALTCH und STTX III weniger stark ausgeprägt und bei ATX I und III nicht vorhanden. Die Analyse mittels LC-DAD-MS/MS ergab in keinem Inkubationsansatz Hinweise auf die Bildung von Metaboliten.

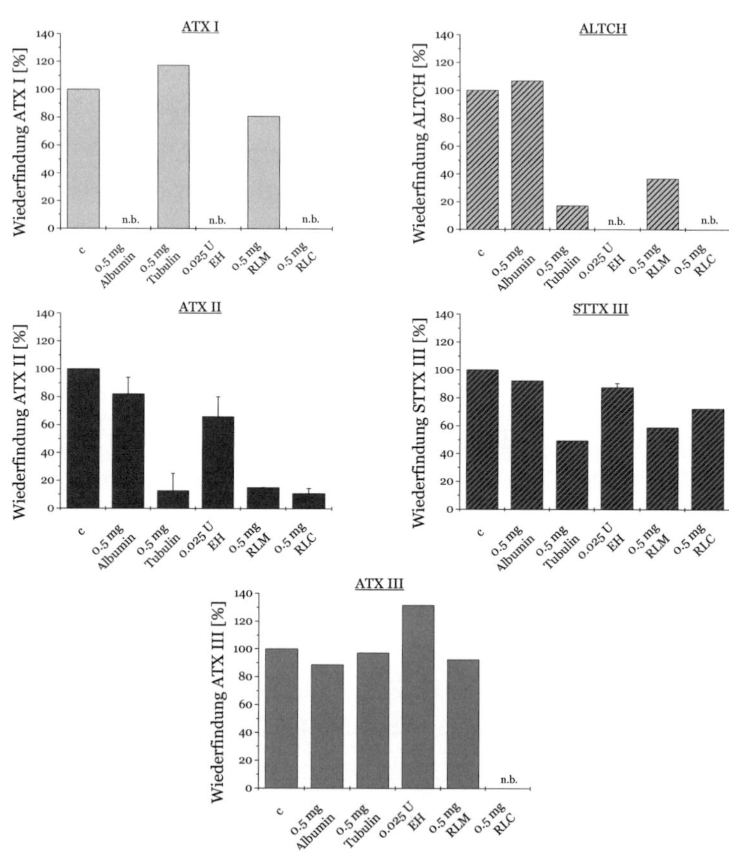

Abb. 23: Reaktivität der Perylenchinone gegenüber Proteinen. 5-10 nmol ATX I, ALTCH, ATX II, STTX III oder ATX III wurden mit jeweils 0,5 mg Albumin, Tubulin, Rattenlebermikrosomen (RLM) oder Rattenlebercytosol (RLC) bzw. 0,025 U Epoxidhydrolase (EH) für 30 min in 0,1 M Kaliumphosphatpuffer (pH 7,4) inkubiert und die Wiederfindung mittels LC-DAD-MS/MS bestimmt. Dargestellt sind die Mittelwerte ± Standardabweichung aus je mindestens drei unabhängigen Experimenten oder eines Einzelwertes aus einem Experiment. n.b., nicht bestimmt.

Strukturaufklärung der Thiol-Addukte

Die möglicherweise *in vivo* durch Reaktion von Elektrophilen mit GSH gebildeten Thioladdukte und deren Mercaptursäure-Abbauprodukte konnten für zwei Perylenchinone mit Epoxid-Gruppe zellfrei nachgewiesen werden (Tab. 6). Ein exemplarisches HPLC-Chromatogramm der Umsetzung von ATX II mit dem Modellthiol Mercaptoethanol (ME) ist in Abb. 24 dargestellt. ME wurde gewählt da es im Gegensatz zu NAC und GSH eine geringere Polarität aufweist und dadurch analytisch besser zu erfassen ist. Aufgrund des geringeren Molekulargewichts wird auch die Strukturaufklärung anhand des Fragmentierungsmusters des Addukts erleichtert.

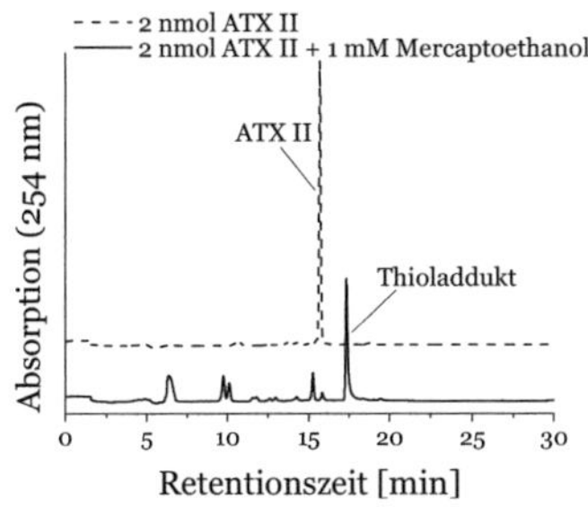

Abb. 24: HPLC-Chromatogramm des Inkubationsansatzes von ATX II mit Mercaptoethanol (ME). Gestrichelte Linie: Kontrollinkubation, durchgezogene Linie: Inkubation von 2 nmol ATX II mit 1 mM ME für 30 min bei 37°C in 0,1 M Kaliumphosphatpuffer (pH 7,4).

Durch die Analyse der Umsetzungsprodukte von ATX II und STTX III mit Thiolen mittels LC-DAD-MS/MS kann die Struktur anhand der UV- und Massenspektren abgeleitet werden. Zunächst wurden die Molekulargewichte der Addukte bestimmt, welche jeweils um 36 u geringer waren als die theoretisch berechneten Massen für Monoaddukte mit den entsprechenden Thiolen. Diese Massendifferenz ist mit der Abspaltung von zwei Molekülen Wasser mit jeweils 18 u zu erklären. Die Fragmentierungsmuster der MS/MS-Analyse der Molekülionen der Addukte mit ME, NAC und GSH sind exemplarisch für ATX II in Abb. 25 dargestellt. Anhand der Fragmentionen können die Produktpeaks der Umsetzungen eindeutig als entsprechende Thiol-Addukte identifiziert werden. Im Falle des ME-Addukts wird neben einer weiteren Wasserabspaltung der addierte Thiol-Rest als Neutralfragment mit oder ohne das Schwefelatom abgespalten, was zu den Fragmentionen m/z 314 bzw. m/z 346 führt (Abb. 25 A). Als charakteristische Fragmentierung für ein NAC-Addukt zählt der Neutralverlust von 129 u, welcher auch beim ATX II-NAC-Addukt erhalten wird. Das GSH-Addukt zeigt ebenfalls charakteristische Fragmente, die entweder als Neutralverlust oder selbst als Fragmentionen mit m/z 272 und m/z 254 im Massenspektrum auftreten. Weiterhin kann ein zusätzlicher Wasserverlust aus dem GSH-Anteil beobachtet werden. Für STTX III werden vergleichbare Fragmentierungsmuster für die Addukte erhalten.

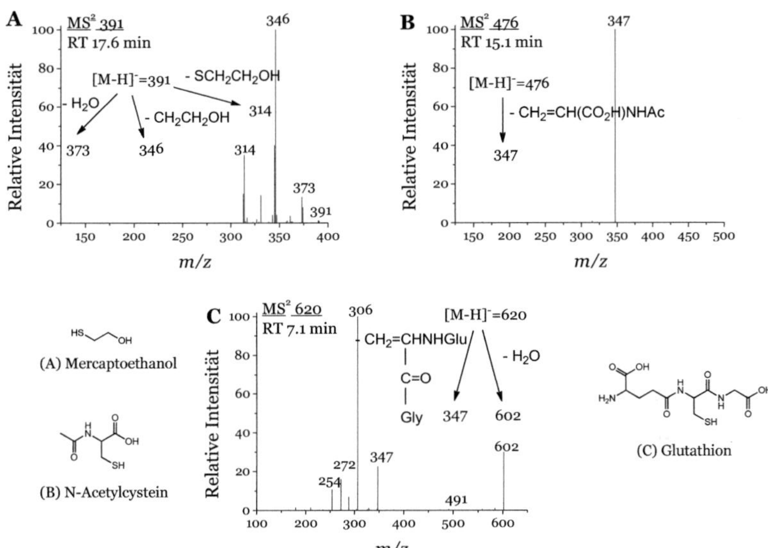

Abb. 25: MS/MS-Spektren und vorgeschlagene Fragmentierungsreaktionen des ME-(A), NAC- (B) und GSH-Addukts (C) von ATX II der LC-ESI-MS/MS-Analyse bei negativer Ionisierung.

Die UV-Spektren des ME-Addukts von ATX II und des NAC-Addukts von STTX III sind in Abb. 26 dargestellt. Beide zeigen eine deutliche bathochrome Verschiebung des Absorptionsmaximums. Die Ethylacetat-Extrakte der Inkubationen sind mit den UV-Spektren übereinstimmend deutlich gelb (ME-ATX II-Addukt) oder violett (NAC-STTX III-Addukt) gefärbt. Anhand des Massenspektrums wurde schon die Abspaltung von zwei Wassermolekülen festgestellt. Diese Abspaltung kann nun bei ATX II grundsätzlich auf zwei Arten erfolgen, wobei ein Phenanthren-Derivat oder ein vollaromatisches Perylen resultiert (Abb. 27).

Das ME-Addukt von ATX II weist ein Absorptionsmaximum bei 440 nm auf. Perylen selbst besitzt bereits unsubstituiert ein Maximum bei 436 nm und stellt einen gelb-braunen Feststoff dar (Sigma-Aldrich, Taufkirchen, Art.-Nr. 394475). Die Substitution mit weiteren chromophoren Gruppen verschiebt das Spektrum weiter in den längerwelligen Bereich. In diesem Fall sind die funktionellen Gruppen, sogenannte Auxochrome, direkt an das Grundchromophor gebunden und sorgen als Elektronendonatoren für einen bathochromen Effekt. Nach den empirischen Regeln von Woodward und Fieser führt eine Alkylmercapto-Gruppe zu einer Verschiebung von 30 nm (Hesse *et al.*, 2005). Damit wäre selbst ohne Berücksichtigung der vier Hydroxylgruppen ein Absorptionsmaximum bei ca. 470 nm zu erwarten, wodurch die Struktur eines substituieren Perylens ausgeschlossen werden kann. Das Absorptionsmaximum von Phenanthren liegt bei 250 nm. Auch hier kommt es durch die auxochromen Hydroxylgruppen, das α,β-ungesättigte Keton und die addierte Thiolgruppe zu einer bathochromen Verschiebung, welche durch Berechnung anhand der empirischen Regeln im Bereich des tatsächlichen Absorptionsmaximum liegt.

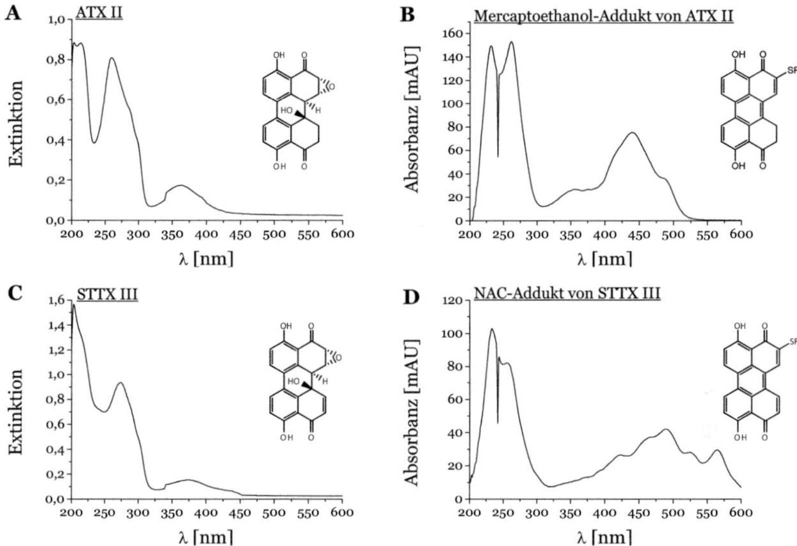

Abb. 26: UV-Spektren von ATX II (A) und dessen ME-Addukt (B) sowie STTX III (C) und dessen NAC-Addukt (D). Dargestellt sind zudem die Strukturen von ATX II und STTX III sowie die vorgeschlagenen Strukturen der Thioladdukte.

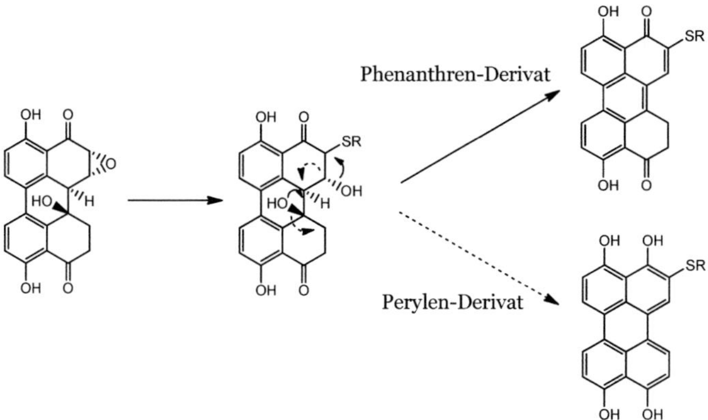

Abb. 27: Vorgeschlagener Mechanismus der Wasserabspaltung aus ATX II nach Addition eines Thiols an die Epoxidgruppe. Durchgezogenen Pfeile: Die Wasserabspaltung resultiert in der Bildung eines Phenanthren-Derivats, gestrichelte Pfeile: Die Wasserabspaltung führt zur Bildung eines vollaromatischen Perylen-Derivats.

Im Falle von STTX III besteht aufgrund der zusätzlichen Doppelbindung nur eine Möglichkeit der Wasserabspaltung, die in der Ausbildung eines konjugierten chinoiden Systems resultiert. Durch die energiereiche Delokalisierung der π-Elektronen wird Licht mit größerer Wellenlänge absorbiert, was sich in einem Absorptionsmaximum des NAC-STTX III-Addukts von 489 und 565 nm äußert. Chinoide Systeme sind redoxaktiv und können leicht zu den entsprechenden Hydrochinonen reduziert werden. Das Thiol-Addukt von STTX III trägt weiterhin die α,β-ungesättigte Carbonylfunktion, bleibt dadurch elektrophil und zudem redoxaktiv und daher vermutlich toxisch für die Zelle.

Weitere strukturaufklärende Analysen konnten jedoch aufgrund von Substanzmangel nicht durchgeführt werden. Anhand der empirischen Regeln zur Analyse von UV-Spektren und der Ausbildung eines chinoiden, violetten STTX III-Thioladdukts scheint aber die Ausbildung eines Phenanthren-Derivats bei der Reaktion von ATX II mit Thiolen sehr wahrscheinlich.

Rolle der Glutathion-S-transferase bei der GSH-Konjugation

Die Glutathion-*S*-transferase (GST) katalysiert in der Zelle die Konjugation von GSH an elektrophile Substanzen. Der Einfluss der GST auf die Reaktion von ATX II und STTX III mit GSH wurde anhand der Wiederfindung in An- oder Abwesenheit von aus humaner Plazenta isolierter GST untersucht. Wie in Abb. 28 dargestellt hat das Enzym alleine keinen Einfluss auf die Wiederfindung. Durch Zugabe von 1 mM GSH werden durch die Bildung von Thiol-Addukten nur noch 30-40% der Ausgangsverbindungen wiedergefunden. In Anwesenheit von 1 U GST kann diese Wiederfindung nicht weiter gesenkt werden. Dies zeigt, dass die Reaktion von ATX II und STTX III durch die GST nicht enzymatisch katalysiert wird.

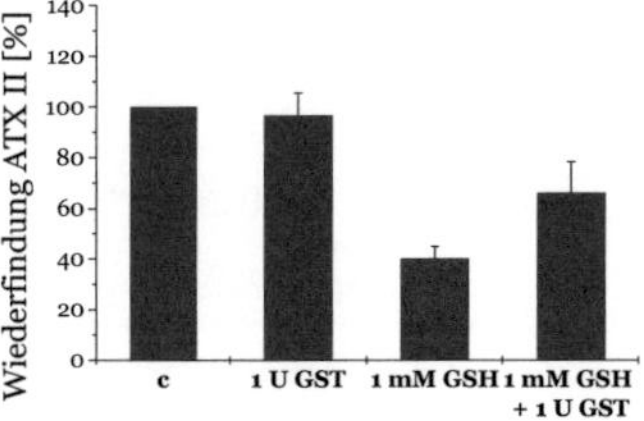
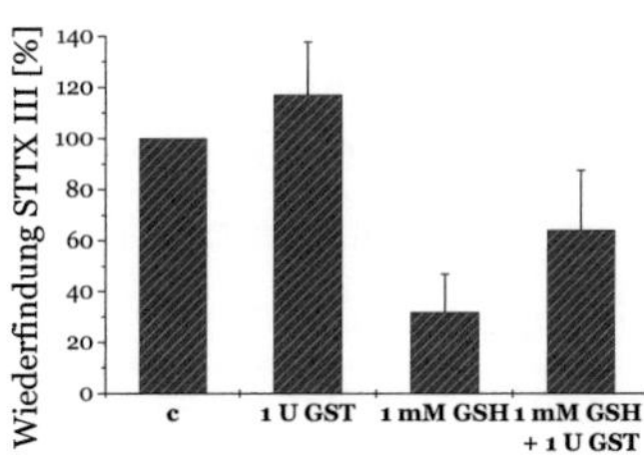

Abb. 28: Wiederfindung von ATX II (links) bzw. STTX III (rechts) bei Inkubation mit 1 U GST und/oder 1 mM GSH. 10 nmol ATX II bzw. STTX III wurden für 10 min mit 1 U GST oder 1 mM GSH oder beidem in 200 µl 0,1 M Kaliumphosphatpuffer (pH 7,4) bei 37°C inkubiert und die Wiederfindung mittels LC-DAD-MS/MS bestimmt. Dargestellt sind die Mittelwerte ± Standardabweichung von je mindestens drei unabhängigen Experimenten.

In Anwesenheit der GST und GSH wird mehr Ausgangssubstanz wiedergefunden als mit GSH allein. Die GST hat eine sehr hohe Affinität für GSH, weshalb diese auch als Protein-Tag zur affinitätschromatographischen Aufreinigung von Proteinen genutzt wird (Kishimoto *et al.*, 2006). Dadurch bedingt wird ein Teil des GSH-Pools in der Inkubationslösung der Reaktion mit den Toxinen entzogen, wodurch eine bessere Wiederfindung resultiert. Ein geringer Anteil an Protein kann zudem stabilisierend auf eine Substanz wirken.

Einfluss der GSH-Konjugation auf die Genotoxizität

Die Konjugation mit GSH wird generell als Inaktivierung elektrophiler Substanzen angesehen. Findet diese nun in der Zelle statt, so wird ein Teil der reaktiven Substanz abgefangen und kann somit nicht mehr mit zellulären Makromolekülen abreagieren. Eine Depletion des GSH-Spiegels sollte dazu führen, dass mehr ungebundene, genotoxische Moleküle vorliegen, die wiederrum zu einer Erhöhung des DNA-Schadens beitragen würden. Um den Einfluss der GSH-Konjugation auf die Genotoxizität von ATX II zu untersuchen wurde der GSH-Gehalt durch Vorinkubation mit 100 µM Buthioninsulfoximin (BSO) auf ein Minimum (<2%) gesenkt (Abb. 29, links). BSO inhibiert die Glutamatcysteinligase und somit den ersten Schritt in der GSH-Biosynthese (Griffith und Meister, 1979). Anschließend wurde die DNA-Strangbruchinduktion ohne und mit BSO-Vorinkubation verglichen (Abb. 29, rechts).

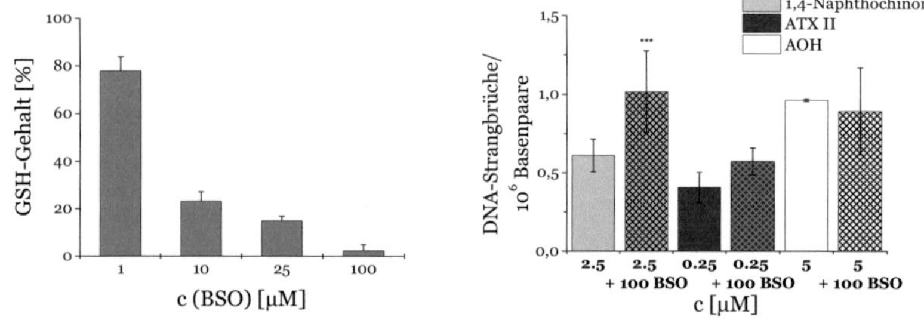

Abb. 29: Absenkung des GSH-Spiegels in V79-Zellen durch 24 h Vorinkubation mit Buthioninsulfoximin (BSO) (links) und Einfluss einer GSH-Depletion auf die Induktion von DNA-Strangbrüchen in V79-Zellen durch Inkubation mit 2,5 µM 1,4-Naphthochinon, 0,25 µM ATX II und 5 µM AOH für 1,5 h (rechts). Die schraffierten Balken zeigen die DNA-Strangbrüche nach Vorinkubation mit 100 µM BSO und damit depletierten GSH-Spiegel. Dargestellt sind die Mittelwerte ± Standardabweichung aus je mindestens drei unabhängigen Experimenten (***, p<0,001, ANOVA).

AOH bildet keine GSH-Addukte, wodurch der GSH-Gehalt auch keinen Einfluss auf die strangbrechende Wirkung besitzt. Als Positivkontrolle wurde das 1,4-Naphthochinon eingesetzt, bei dem eine signifikante Steigerung der DNA-Strangbruchrate bei abgesenktem GSH-Spiegel gemessen werden kann. Der abgesenkte GSH-Spiegel führte im Falle von ATX II nur zu einem geringen, nicht-signifikanten Anstieg des DNA-Schadens. Die Reaktion von ATX II mit GSH verläuft also in der Zelle langsamer als die Schädigung der DNA und spielt nur eine untergeordnete Rolle.

Reduktive Deepoxidierung in verschiedenen Zelllinien

Im Gegensatz zu Inkubationen mit Caco-2-Zellen konnte bei keiner der zellfreien Untersuchungen zum klassischen Metabolismus von ATX II und STTX III eine reduktive Deepoxidierung festgestellt werden. Daher sollte untersucht werden, ob dieser Reaktionsweg auch in anderen Zelllinien stattfindet. Für die Untersuchung der reduktiven Deepoxidierung wurden Caco-2-, HCT-116-, HepG2- und V79-Zellen für 1,5 h mit 2 nmol ATX II inkubiert und die Mediumextrakte mittels LC-DAD-MS auf die Gehalte an Ausgangstoxin und Metabolit untersucht (Tab. 7). Zwei Kontrollen, vor und nach der Inkubation bei 37°C geben Auskunft über den Extraktionsverlust und die Stabilität im Zellkulturmedium. In beiden Kontrollen wurde kein ATX I detektiert. In allen vier Zelllinien wurde ATX II zu ATX I metabolisiert, jedoch in unterschiedlichem Ausmaß. Die höchste Metabolisierungskapazität wurde für Caco-2-Zellen erhalten, gefolgt von HepG2- und HCT-116-Zellen. Die Wiederfindung als Summe beider Toxine liegt dabei im Bereich der Kontrollinkubationen. In V79-Zellen, welche für eine geringe metabolische Aktivität bekannt sind, fand nur eine Umwandlung von etwa 3% der eingesetzten ATX II-Menge statt.

Tab. 7: Metabolismus von ATX II zu ATX I in verschiedenen Zelllinien. 2,5 x 10⁵ Caco-2-, HepG2-, HCT-116- oder V79-Zellen wurden mit 2 nmol ATX II für 1,5 h inkubiert und die Wiederfindung der Ausgangssubstanz sowie des Metaboliten mittels LC-DAD-MS/MS bestimmt. Dargestellt sind die Mittelwerte ± Standardabweichung aus je mindestens drei unabhängigen Experimenten. [a] n.d., nicht detektiert (<0,001 nmol); [b]Die Wiederfindung von zellfreien Kontrollinkubationen über 1,5 h (Kontrolle 2) wurde auf 100% gesetzt.

Zelllinie	ATX I [nmol]	ATX II [nmol]	Wiederfindung
Kontrolle 1 (0 h)	n.d. [a]	1,72 ± 0,06	85,7%
Kontrolle 2 (1,5 h)	n.d.	1,43 ± 0,37	71,5% [b]
Caco-2	1,10 ± 0,15	0,21 ± 0,04	84,0%
HepG2	0,49 ± 0,03	0,80 ± 0,11	82,7%
HCT-116	0,39 ± 0,02	0,62 ± 0,11	72,7%
V79	0,06 ± 0,02	0,64 ± 0,19	44,8%

Ähnliche Ergebnisse werden auch für STTX III erhalten. Durch die geringere Stabilität im Zellkulturmedium bei Inkubation mit Zellen findet jedoch ein viel geringerer Metabolismus statt. So kann STTX III nach 1,5 h nicht mehr nachgewiesen werden und auch der Metabolit ALTCH liegt im Vergleich zur reduktiven Deepoxidierung von ATX II um ein Vielfaches niedriger vor.

Einfluss der reduktiven Deepoxidierung auf die Genotoxizität

Um den Einfluss der reduktiven Deepoxidierung von ATX II und STTX III auf die Genotoxizität zu untersuchen, wurden drei Zelllinien mit einer unterschiedlichen Metabolisierungskapazität ausgewählt und mittels Alkalischer Entwindung auf die Induktion von DNA-Strangbrüchen untersucht. Während V79-Zellen ATX II nur zu etwa 3% metabolisieren und HepG2-Zellen etwa 25% der Ausgangssubstanz in ATX I umwandeln, findet in Caco-2-Zellen zu über 55% ein Metabolismus von ATX II statt. Bei Vergleich der Strangbruchraten von ATX II zeigt sich für alle drei Zelllinien der gleiche konzentrationsabhängige Anstieg. Es kann kein signifikanter Unterschied zwischen den in Bezug auf die reduktive Deepoxidierung metabolisch kompetenten und weniger kompetenten Zelllinien festgestellt werden. Auch für STTX ist keine signifikante Abweichung zwischen den verschiedenen Zelltypen zu erkennen. Die Schädigung der DNA verläuft somit schneller als der Metabolismus, welcher ebenfalls nur eine untergeordnete Rolle spielt.

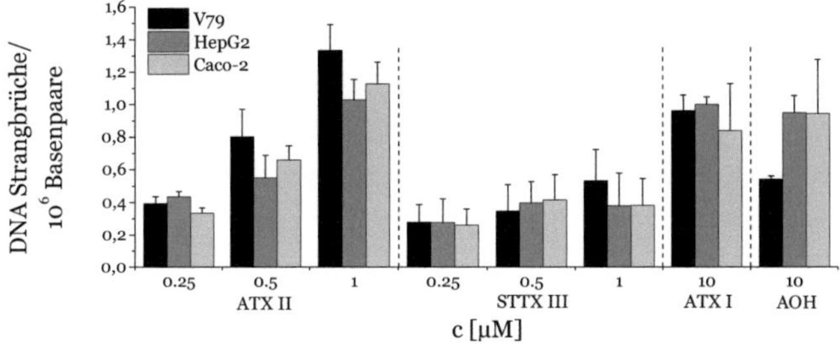

Abb. 30: Vergleich der Induktion von DNA-Strangbrüchen durch ATX II, STTX III, ATX I und AOH in Zelllinien mit unterschiedlicher metabolischer Kapazität. $1{,}5 \times 10^5$ V79-, HepG2- und Caco-2-Zellen wurden 1,5 h mit den entsprechenden Toxin-Konzentrationen inkubiert und die DNA-Strangbruchrate mittels Alkalischer Entwindung bestimmt. Dargestellt sind die Mittelwerte ± Standardabweichung aus je mindestens drei unabhängigen Experimenten.

Zum Vergleich wurden ATX I und AOH mitgeführt, da hier kein Metabolismus durch die Zellen zu erwarten ist. Auch hier sind keine Unterschiede in der Induktion von DNA-Strangbrüchen zu erkennen. Insgesamt kann daher davon ausgegangen werden, dass die Reaktion mit der DNA schneller stattfindet als der Metabolismus zu ATX I bzw. ALTCH. Gleichzeitig stellt im Falle von ATX II die Deepoxidierung keine richtige Entgiftung dar, da ATX I selbst ebenfalls in der Lage ist DNA-Strangbrüche im gleichen Konzentrationsbereich wie AOH zu induzieren.

Möglicher Mechanismus der reduktiven Deepoxidierung – Reaktion mit Dithiolen

Die reduktive Deepoxiderung stellt keinen klassischen Stoffwechselweg für Epoxide dar, weshalb bisher keine Daten über einen möglichen Mechanismus vorliegen. Im Zuge der Untersuchungen zur Reaktivität von ATX II und STTX III gegenüber Monothiolen wurden auch Inkubationen mit dem Dithiol Dithiothreitol (DTT) durchgeführt. Hierbei konnten nicht wie erwartet Thioladdukte detektiert werden, jedoch die auch schon in Inkubationen mit Zellen beobachtete reduktive Deepoxidierung zu ATX I bzw. ALTCH. In einer Studie zur Aufklärung des Mechanismus der Reduktion des strukturell ähnlichen Vitamin K-Epoxids wurde über analoge Beobachtungen berichtet (Preusch und Suttie, 1983). Das Chinon Vitamin K spielt eine wichtige Rolle bei der Blutgerinnung. Als Kofaktor der γ-Glutamylcarboxylase werden die inaktiven Vorstufen der Gerinnungsfaktoren carboxyliert, wodurch das Vitamin K-Epoxid entsteht. Dieses wird durch die Vitamin K-Epoxidreduktase unter Wasserabspaltung wieder zum Vitamin K regeneriert. Dabei wird die Reaktion des Epoxids mit einer reduzierten Disulfid-Gruppe im aktiven

Zentrum des Enzyms diskutiert. Um nun die chemische Reaktion des Epoxids mit Dithiolen zu untersuchen wurden Inkubationen mit DTT durchgeführt. Es kommt zunächst zur Bildung einer Monoaddukts des Vitamin K-Epoxids mit einer Thiolgruppe, aus welchem dann durch intramolekularen Ringschluss zu einem zyklischen Disulfid der Thiolrest abgespalten wird. Enzymatisch katalysiert erfolgt nun die Abspaltung von Wasser und damit Regenerierung des Vitamin K. Unter den Inkubationsbedingungen der Reaktion mit DTT wird dagegen das hypothetisch vorliegende Enolat nach der Abspaltung des Thiolrest protoniert und damit eine hydroxylierte Form des Vitamin K gebildet. Die gleiche reduktive Eliminierung aus einem Dithioladdukt kann für die Bildung von ATX I aus ATX II angenommen werden und ist in Abb. 31 dargestellt.

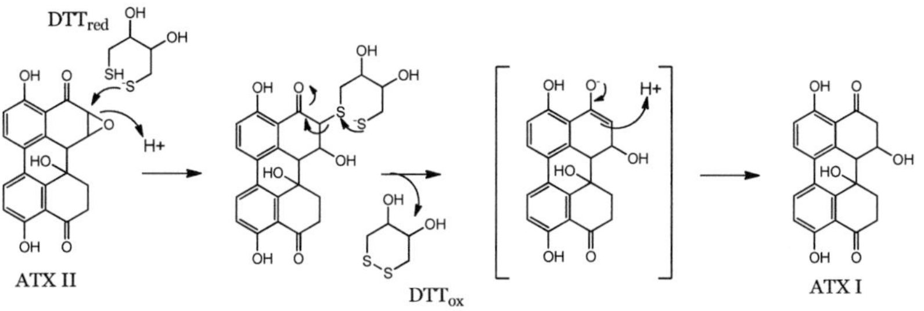

Abb. 31: Vorgeschlagener Reaktionsmechanismus der reduktiven Deepoxidierung am Beispiel der Reaktion von ATX II mit Dithiothreitol (DTT).

Um die reduktive Deepoxiderung systematisch zu untersuchen, wurden Inkubationen mit verschiedenen Dithiolen durchgeführt, die sich durch den Abstand der Thiolgruppen zueinander und durch ihre Substitution unterscheiden (Abb. 32). Dithiole, welche einen 4-Ring (Ethan-1,2-dithiol) oder einen 7-Ring (Pentan-1,5-dithiol) ausbilden können, führen in Inkubationen mit ATX II und STTX III lediglich zu einer einfachen Adduktbildung. Der hohe Verlust bei Inkubationen mit Ethan-1,2-dithiol könnte auf einer Reaktion zu höhermolekularen Produkten beruhen, welche als braune Pigmente ausfielen und damit analytisch nicht erfasst wurden. Propan-1,3-dithiol und Dihydroliponsäure bilden im oxidierten Zustand einen 5-Ring aus und wandeln ATX II nahezu vollständig in ATX I um. Für STTX III ist diese Reaktion geringer ausgeprägt und es wird zusätzlich das Monoaddukt im Falle von Propan-1,3-dithiol detektiert.

Anhand der Adduktbildung und dem darauf folgenden Ringschluss zu einem sechsgliedrigen, oxidierten DTT wurde der Mechanismus der reduktiven Deepoxidierung entdeckt, wobei die Umsätze hier für beide Epoxide geringer ausfallen. Somit scheint die Reaktion mit DTT durch einen Ringschluss über 6 C-Atome gegenüber der Adduktbildung bevorzugt. Das unsubstituierte Butan-1,4-dithiol bildet ebenfalls bei der Oxidation einen 6-Ring aus. In Inkubationen mit ATX II und STTX III werden jedoch hauptsächlich Monoaddukte gebildet. DTT besitzt ein sehr niedriges Redoxpotential, sodass der nukleophile Angriff der zweiten Thiolat-Gruppe begünstigt ist. Eine weitere Erklärung für den bevorzugten Ringschluss von DTT gegenüber seinem unsubstituierten Derivat Butan-1,4-dithiol ist die Verkleinerung des Innenwinkels am Kohlenstoffatom durch die Anwesenheit von Substituenten. Bei der Zyklisierung muss dieser weniger komprimiert werden und der Ringschluss wird dadurch erleichtert (Beesley *et al.*, 1915).

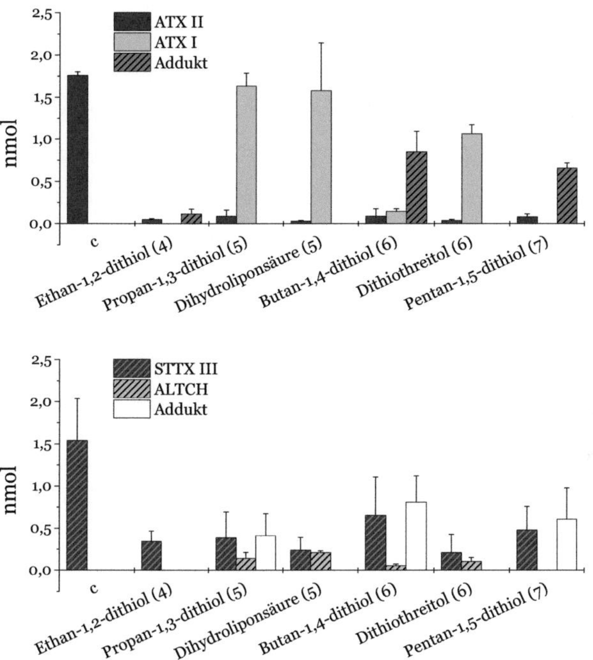

Abb. 32: Produktprofil der Inkubationen von ATX II (oben) und STTX III (unten) mit Dithiolen unterschiedlicher Kettenlänge und Substitution. 3 nmol ATX II bzw. 8 nmol STTX III wurden mit 1 mM Ethandithiol, Propandithiol, Dihydroliponsäure, Butandithiol, Dithiothreitol oder Pentandithiol für 30 min in 0,1 M Kaliumphosphatpuffer (pH 7,4) inkubiert und die Wiederfindung bzw. die Produktbildung mittels LC-DAD-MS/MS analysiert. Dargestellt sind die Mittelwerte ± Standardabweichung aus je mindestens drei unabhängigen Experimenten.

In zellfreien Inkubationen läuft die reduktive Deepoxidierung besonders gut mit Dithiolen ab, die einen 5-Ring ausbilden können (Abb. 32). So stellt die Dihydroliponsäure ein geeignetes Substrat dar, welches die Reaktion auch in der Zelle erklären könnte, da dieses als Cosubstrat der Pyruvat-Dehydrogenase und der α-Ketoglutarat-Dehydrogenase in den Mitochondrien sowie als freies Antioxidans in den Zellen vorkommt. Durch Redoxreaktion regeneriert das Liponsäure-Dihydoliponsäure-Redoxpaar ähnlich wie GSH in der Zelle vorliegende Antioxidantien und wird daher auch als Antioxidans der Antioxidantien bezeichnet. Die Reduktion der oxidierten Liponsäure und damit Regeneration der Dihydroliponsäure erfolgt NADH-abhängig durch die Dihydrolipoyl-Dehydrogenase als Untereinheit der oben genannten Enzyme der oxidativen Decarboxylierung (Kagan *et al.*, 1992, Goraca *et al.*, 2011). Die enzymatische Katalyse der reduktiven Deepoxidierung von ATX II und STTX III ist nicht auszuschließen, konnte jedoch bisher nicht endgültig geklärt werden. Eine Beteiligung der Dihydroliponsäure am Metabolismus dieser Perylenchinone würde eine Beeinflussung zellulären Redoxstatus bedeuten, da diese als Cosubstrat eine wichtige Rolle im zellulären Energiestoffwechsel spielt.

B.4 Zusammenfassende Diskussion: *Alternaria*-Toxine

Zu vielen *Alternaria*-Toxinen liegen bislang nur wenige Daten bezüglich der Toxizität und des Vorkommens in Lebens- und Futtermitteln vor, sodass keine abschließende Risikobewertung durchgeführt werden konnte. Die meisten Studien beschäftigten sich zudem nur mit den beiden Dibenzo-α-pyronen AOH und AME, welche in Extrakten quantitativ am häufigsten vorkommen und für die bereits ein genotoxisches Potential nachgewiesen wurde. Beide Mykotoxine wurden daher zunächst als Ursache für die Induktion von Speiseröhrenkrebs verantwortlich gemacht. Die starke Genotoxizität von *Alternaria*-Extrakten konnte bislang jedoch nicht auf die Anwesenheit nur dieser beiden Toxine zurückgeführt werden. Auch in dieser Arbeit lässt sich die Induktion von DNA-Strangbrüchen durch zwei verschiedene *A. alternata*-Extrakte nicht anhand der gemessenen Konzentrationen an AOH und AME erklären. Somit müssen weitere *Alternaria*-Toxine ebenfalls einen Beitrag zur Genotoxizität leisten, welcher möglicherweise größer ist als für AOH und AME gezeigt wurde. Deshalb war es Ziel dieser Arbeit, weitere Mykotoxine aus *Alternaria*-Pilzkulturen zu isolieren und zu charakterisieren. Insgesamt war es dadurch möglich, die bisher weniger gut untersuchten und käuflich nicht erhältlichen Perylenchinone ATX I bis III, ALTCH und STTX III als Reinsubstanzen einer toxikologischen Prüfung zu unterziehen. Die Strukturen von ATX I, ATX II und STTX III gelten dabei als gesichert. ALTCH und ATX III konnten nicht in ausreichenden Mengen für eine abschließende Strukturaufklärung mittels NMR-Spektroskopie gewonnen werden, wobei die Zuordnung jedoch anhand anderer Kriterien als wahrscheinlich angesehen werden kann. Bei der Untersuchung der Genotoxizität durch Messung der DNA-Strangbruchinduktion in V79- und HepG2-Zellen konnte der anfängliche Verdacht bestätigt werden. Obwohl die Perylenchinone in weitaus geringeren Konzentrationen im Extrakt vorliegen, zeigen sie einen wesentlichen höheren genotoxischen Effekt. Dieser liegt für ATX II etwa um den Faktor 20 und für STTX III um den Faktor 10 höher als die Wirkung von AOH. Beide Verbindungen tragen eine Epoxid-Gruppe im Molekül. ATX I, welches kein Epoxid ist, zeigt immer noch eine genauso starke Wirkung wie AOH und AME. Lediglich für ALTCH konnte keine DNA-Schädigung bis zu einer Konzentration von 20 µM gezeigt werden. Die Induktion von DNA-Schäden durch ATX III unterliegt aufgrund von Problemen mit der Stabilität und der Löslichkeit starken Schwankungen, sodass hier keine genaue Aussage getroffen werden kann. Die Epoxid-Gruppe spielt auch bezüglich der Stabilität im Zellkulturmedium eine wesentliche Rolle. Insgesamt kann jedoch die starke Genotoxizität der *Alternaria*-Extrakte auf das Vorhandensein von Perylenchinonen mit Epoxid-Gruppe zurückgeführt werden.

Ein ähnliches Bild zeigt sich auch bei der Untersuchung der Mutagenität in V79-Zellen anhand der Bestimmung der HPRT-Mutantenfrequenz. Für die Perylenchinone ATX I bis III und STTX III wurde eine starke Mutagenität bereits im bakteriellen Ames-Test nachgewiesen, wobei die Wirkung mit steigendender Anzahl an Epoxidgruppen zunahm (Stack und Prival, 1986, Davis und Stack, 1991). Die Ergebnisse für AOH und AME im Ames-Test sind widersprüchlich und die Mutagenität im HPRT-Test kann als schwach angesehen werden (Davis und Stack, 1994, Brugger *et al.*, 2006). Auch hier werden für *Alternaria*-Extrakte weitaus höhere Mutantenfrequenzen erhalten, die nicht nur durch die Anwesenheit von AOH und AME erklärt werden können. In dieser Arbeit wurde die Mutagenität von ATX I, ATX II, ATX III und STTX III im HPRT-Test in V79-Zellen untersucht. Dabei konnte die stärkste mutagene Wirkung für ATX II gemessen werden, gefolgt von STTX III, welches etwa halb so stark wirkt. ATX II war dabei um den Faktor 50 stärker mutagen als AOH und liegt damit in der gleichen Größenordnung wie das etablierte Mutagen 4-Nitrochinolin-*N*-oxid. Die fehlende Mutagenität und Zytotoxizität von ATX I im Säugetiersystem im Gegensatz zur positiven Testung im Ames-Test konnte auch in dieser Arbeit bestätigt werden (Schrader *et al.*, 2006). Jedoch blieb auch für ATX III ein Effekt im HPRT-Test aus, obwohl für dieses Toxin im Ames-Test die höchste Mutagenität gefunden wurde. Allerdings handelt es sich hierbei um zwei sehr unterschiedliche Testsysteme, die nicht ohne weiteres miteinander vergleichbar sind. In die für den Ames-Test verwendeten Bakterien wurden gezielt Mutationen eingeführt, die durch die mutagene Testsubstanz revertiert werden. Dabei handelt es sich vorwiegend um Basenpaarsubstitutionen oder Leserasterverschiebungen, welche meist in GC-reichen DNA-Abschnitten vorzufinden sind. Zudem wird die Empfindlichkeit durch Defekte in der DNA-Reparatur erhöht. Im HPRT-Test muss dagegen die Mutation durch die Testsubstanz gesetzt werden, darf aber gleichzeitig nicht zu große Genabschnitte betreffen und damit letal wirken. Daher werden im HPRT-Test nur Basenpaarsubstitutionen, Leserasterverschiebungen oder kleinere Deletionen erfasst. Die starke Zytotoxizität von ATX III, die anhand der relativen Plattierungseffizienz nach 24-stündiger Substanzbehandlung gemessen wird, lässt vermuten, dass sich eventuell gesetzte Mutationen letal für die Zellen äußern und daher keine 6-Thioguanin-resistenten Mutanten erhalten werden. Die Mutantenfrequenz liegt bei der höchsten getesteten Konzentration sogar unterhalb der Kontrolle. Die im Ames-Test gezeigte starke Mutagenität kann für ATX III im HPRT-Test nicht nachgewiesen werden.

Als möglicher Mechanismus für die Genotoxizität und Mutagenität der *Alternaria*-Toxine AOH und AME wird die Interaktion mit Topoisomerasen angesehen. Diese regulieren die Topologie der DNA im Zellkern, welche durch ihre dichte Verpackung in Chromatin und Entwindung des Doppelstranges bei der Transkription und Replikation zur Verdrillung neigt. Topoisomerasen vom Typ I induzieren transiente Einzelstrangbrüche, Typ II-Topoisomerasen katalysieren dagegen unter ATP-Verbrauch die vorübergehende Induktion von Doppelstrangbrüchen und greifen dadurch in das topologische Geschehen ein (Champoux, 2001). Für AOH konnte bereits die Wirkung als Topoisomerase I und II-Gift gezeigt werden (Fehr *et al.*, 2009). Topoisomerase-Gifte stabilisieren den Enzym-DNA-Komplex und führen so zu einer Verzögerung oder Störung des Transkriptions- und Replikationsprozesses. Bei Kollision der Replikationsgabel mit solchen Topoisomerase-Komplexen dissoziieren die Enzyme von der DNA ab und es resultiert ein Doppelstrangbruch. Die Hemmung der humane Topoisomerasen I und IIα durch AOH konnte in dieser Arbeit bestätigt werden. Gleichzeitig führt diese Hemmung zu einer extensiven Phosphorylierung an Ser 139 von H2AX als DNA-Schadensantwort auf die Induktion von Doppelstrangbrüchen und dadurch zur Rekrutierung weiterer DNA-Reparaturproteine (Löbrich *et al.*, 2010). Als primäre genotoxische Wirkung von AOH kann daher die Induktion von DNA-Doppelstrangbrüchen durch Giftung der Topoisomerase IIα angesehen werden. Die untersuchten *Alternaria*-Toxine ATX I, ALTCH, ATX II und STTX III waren ebenfalls in der Lage die Topoisomerase IIα zu hemmen, wobei teilweise wesentlich geringere Konzentrationen als für AOH benötigt wurden. Eine Wirkung als Topoisomerase-Gift kann jedoch für die Perylenchinone ausgeschlossen werden, da der Anteil an offen zirkulärer DNA, welche durch eine vermehrte Stabilisierung des Enzym-DNA-Komplexes entsteht, nicht signifikant gesteigert wurde. AOH, AME und Etoposid wirken dagegen als Topoisomerase-Gifte und erhöhen diesen Anteil. Die Hemmung der Topoisomerase IIα durch die Perylenchinone ist somit auf eine katalytische Hemmung zurückzuführen. Katalytische Inhibitoren greifen abhängig von der Art des Inhibitors an einer Stelle des katalytischen Kreislaufs der Topoisomerase ein. Häufig kommt es zu einer kompetitiven Hemmung der Bindung des Enzyms an die DNA oder es wird durch Deformation der DNA wie z.B. durch Interkalation eine Bindung der Topoisomerase an die DNA verhindert. In erster Linie werden daher keine direkten DNA-Schäden induziert, sondern durch Inhibierung der essentiellen Enzymaktivität der Topoisomerasen letztendlich der Zelltod ausgelöst. An welcher Stelle die Perylenchinone in den katalytischen Zyklus des Enzyms eingreifen bleibt jedoch unklar, wobei eine Interkalation ausgeschlossen werden kann. Die Wirkung könnte die starke Zytotoxizität nach längerer Inkubations- oder Nachinkubationszeit (Koloniebildungsfähigkeit) im Verhältnis zu einer geringen Zytotoxizität nach Kurzzeitbehandlung (MTT-Test) erklären. Die Wirkungsweise von ATX I, ATX II, ALTCH und STTX III als katalytische Inhibitoren wird auch durch den Befund gestützt, dass keine signifikante Induktion von DNA-Doppelstrangbrüchen in Form von phosphoryliertem H2AX nachgewiesen werden konnte. Innerhalb des getesteten Konzentrationsbereichs kann jedoch mit Hilfe der Alkalischen Entwindung die Induktion von DNA-Strangbrüchen gemessen werden, sodass davon auszugehen ist, dass es sich hierbei im Wesentlichen um DNA-Einzelstrangbrüche handelt. Insgesamt deuten die erhaltenen Ergebnisse darauf hin, dass die Mechanismen der Genotoxizität und Mutagenität zwischen den *Alternaria*-Toxinen mit Dibenzo-α-pyron-Struktur und Perylenchinon-Struktur grundlegend verschieden sein müssen. Einen zusammenfassenden Überblick und Vergleich zwischen Perylenchinonen und Dibenzo-α-pyronen liefert Abb. 33.

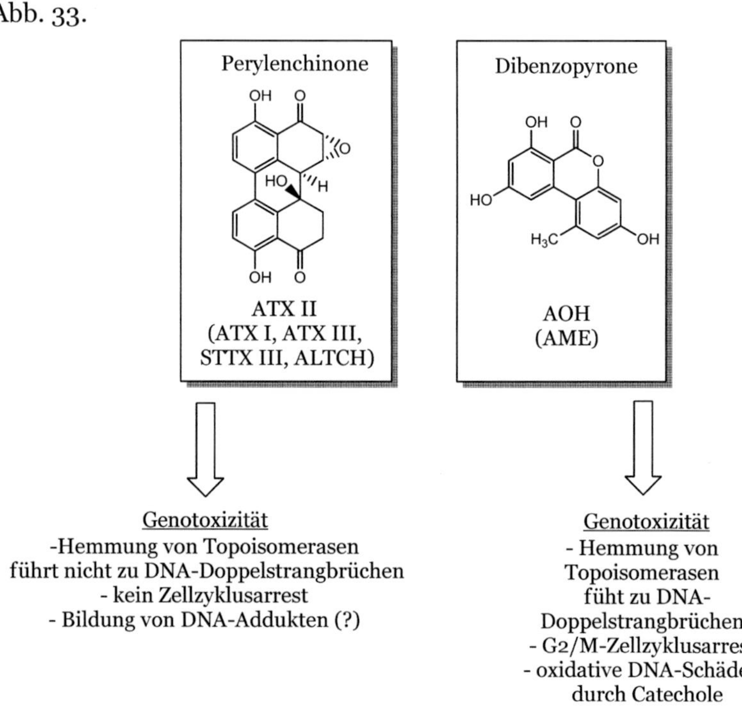

Abb. 33: Übersicht über den untersuchten Wirkmechanismus der *Alternaria*-Toxine mit Perylenchinon- und Dibenzo-α-pyron-Struktur.

Aufgrund der Epoxid-Funktion im Molekül der Perylenchinone ATX II, ATX III und STTX III ist es denkbar, dass die genotoxische und mutagene Wirkung durch die Bildung von DNA-Addukten bedingt ist. Die Reparatur dieser sperrigen DNA-Addukte durch die Nukleotidexzisionsreparatur könnten zu sekundären DNA-Strangbrüchen führen. Erste Hinweise für eine Alkylierung der DNA lieferte die fluoreszenzmikroskopische Analyse der DNA-Doppelstrangbrüche, bei der eine konzentrationsabhängige Autofluoreszenz des Zellkerns für ATX II und STTX III im Vergleich zur Kontrolle beobachtet werden konnte (siehe Anhang c). Diese wurde nicht für ATX I, welches kein Epoxid ist, detektiert. Die Bildung von DNA-Addukten durch diese Mykotoxine sollte daher z.B. durch LC-MS/MS-Analyse weiter untersucht werden. Erste Versuche zur DNA-Reparatur in HepG2-Zellen zeigten, dass die durch AOH induzierten DNA-Strangbrüche sehr schnell repariert werden. Die Reparatur der DNA-Läsionen durch die Perylenchinone nimmt dagegen von ATX I zum ATX II ab und erliegt völlig im Falle der durch STTX III induzierten Schäden (siehe Anhang d). Auch dieses Ergebnis liefert einen weiteren Hinweis auf die unterschiedlichen genotoxischen Mechanismen der *Alternaria*-Toxine. Die Beeinflussung der Reparatur der induzierten DNA-Schäden sollte ebenfalls weiter untersucht werden.

Neben der Untersuchung der Toxizität ist für eine Risikobewertung auch die Berücksichtigung von Resorption und Metabolismus notwendig. Für die *Alternaria*-Toxine mit Perylenchinon-Struktur führen die allgemeinen Funktionalisierungs- und Konjugationsreaktionen wie Hydroxylierung, Reduktion/Oxidation, Epoxidhydrolyse oder Glucuronidierung zu keinen Reaktionsprodukten, sodass ein ausgeprägter klassischer Metabolismus der *Alternaria*-Toxine mit

Perylenchinon-Struktur ausgeschlossen werden kann. Eine weitere Inaktivierung elektrophiler Substanzen erfolgt durch Konjugation mit thiolhaltigen Molekülen. Die Bildung von GSH-Addukten konnte für die beiden Epoxide ATX II und STTX III gezeigt werden, wobei spontan zwei Wassermoleküle aus den Addukten abgespalten werden. Die Strukturen wurden anhand von UV- und MS-Spektren aufgeklärt. Die Konjugation mit GSH wird dabei nicht durch die GST katalysiert. Bei der Untersuchung der Bindung an Thiolgruppen in Proteinen zeigte ATX II die höchste Reaktivität. Im Falle der Addukte mit STTX III bleibt die reaktive α,β-ungesättigte Carbonyl-Funktion erhalten und es bildet sich zusätzlich eine chinoide Struktur aus. Diese beiden Strukturmerkmale lassen eine weiterhin bestehende Toxizität für die Zelle vermuten.

In dieser Arbeit konnte zum ersten Mal eine weitere metabolische Umwandlung für die Epoxide ATX II und STTX III gezeigt werden. In kultivierten Zellen kommt es durch eine reduktive Deepoxidierung zur Bildung der entsprechenden Hydroxyl-Verbindungen ATX I bzw. ALTCH. Die reduktive Deepoxidierung ist je nach Zelltyp unterschiedlich ausgeprägt und reicht von marginal in V79-Zellen bis extensiv in Caco-2-Zellen. Die zellfreie Umsetzung mit Dithiolen, welche 1,3- oder 1,4-substituiert sind und damit befähigt sind durch intramolekularen Ringschluss einen fünf- oder sechsgliedrigen Ring zu bilden, zeigte ebenfalls die Bildung der reduktiv deepoxiderten Metaboliten. Der Mechanismus bestätigt die postulierte Struktur der Monothiol-Addukte von ATX II und STTX III, da für diese Reaktion ein Angriff an der α-Position stattfinden muss. Das Dithiol Dihydroliponsäure liefert die höchste Umsatzrate der reduktiven Deepoxidierung und könnte daher auch in der Zelle ein geeignetes Substrat darstellen. Für die Aufklärung des Mechanismus der reduktiven

Deepoxidierung in Zellen sind noch weitere Untersuchungen notwendig. Eine enzymatische Beteiligung scheint zudem aufgrund der stark unterschiedlichen metabolischen Kompetenzen der getesteten Zelllinien wahrscheinlich. Als Cosubstrat der Pyruvat-Dehydrogenase und der α-Ketoglutarat-Dehydrogenase sowie der Funktion als frei vorliegendes amphiphiles Antioxidans spielt die Dihydroliponsäure eine wichtige Rolle bei der Aufrechterhaltung des Energie- und Redoxstatus der Zelle (Kagan *et al.*, 1992, Goraca *et al.*, 2011). Eine Beeinflussung des Dihydoliponsäure-Liponsäure-Gleichgewichts oder eine kovalente Modifikation würde die mitochondriale ATP-Produktion sowie den zellulären Redoxstatus der Zelle beeinflussen und damit zytotoxisch wirken (Humphries und Szweda, 1998, Hardas *et al.*, 2013).

ATX II und STTX III sind direkt wirkende Genotoxine und Mutagene, die keine metabolische Aktivierung erfordern. Um den Einfluss der reduktiven Deepoxidierung auf die genotoxische Wirkung zu untersuchen, wurden die DNA-Strangbruchraten von ATX II und STTX III in den unterschiedlich metabolisch kompetenten Zelllinien V79, HepG2 und Caco-2 miteinander verglichen. Da kein signifikanter Unterschied festgestellt wurde, kann davon ausgegangen werden, dass die genotoxische Wirkung nicht durch die reduktive Deepoxidierung beeinflusst wird. Zudem handelt es sich bei dieser Reaktion nicht um eine metabolische Detoxifizierung, da ATX I ebenfalls DNA-Strangbrüche im gleichen Konzentrationsbereich wie AOH induziert. Experimente zur DNA-strangbrechenden Wirkung nach vorheriger Depletion des GSH-Spiegels zeigten, dass auch die Konjugation mit GSH nicht zu einer Verminderung der Genotoxizität von ATX II führt. Insgesamt kann nicht davon ausgegangen werden, dass es in der Zelle zu einer merklichen Entgiftung der Perylenchinone mit Epoxid-Gruppe kommt. Durch die Reaktivität gegenüber nukleophilen Zellbestandteilen scheint eine direkte Reaktion mit der DNA und/oder Proteinen, welche für die Aufrechterhaltung der genomischen Stabilität verantwortlich sind, für die Genotoxizität verantwortlich zu sein.

Die Resorption der *Alternaria*-Toxine mit Perylenchinon-Struktur wurde anhand des Caco-2-Zellmodells untersucht. Die Abschätzung der zu erwartenden *in vivo*-Resorption erfolgt durch die Berechnung des scheinbaren Permeabilitätskoeffizienten. Bei Vergleich der P_{app}-Werte für die nicht metabolisierten Ausgangsverbindungen liegen diese für ATX I, ALTCH und AOH nach 1 h im gleichen Bereich einer mittleren Resorptionsrate. Sie gelangen rasch in das Pfortaderblut und können somit systemisch wirken. Ein Großteil des vorhandenen AOH wird jedoch mit Glucuronsäure konjugiert und somit inaktiviert. Für AME erfolgt die Aufnahme ins Pfortaderblut nur als Glucuronid. ATX II und STTX III unterliegen in den Caco-2-Zellen einem extensiven Metabolismus in Form einer reduktiven Deepoxidierung zu ATX I bzw. ALTCH. Die Aufnahme der Ausgangstoxine kann als gering betrachtet werden, die Resorption erfolgt im Wesentlichen als Metaboliten. Der Unterschied liegt jedoch darin, dass die Glucuronidierung von AOH und AME als Entgiftung angesehen werden kann, wohingegen die Metabolisierung von ATX II und STTX III jedoch nicht zu inaktiven Metaboliten führt. Eine genotoxische Wirkung durch ATX II und STTX III findet somit nach oraler Aufnahme wahrscheinlich nur lokal im Gastrointestinaltrakt statt, die resorbierten Metaboliten können dagegen auch systemisch wirken.

Da bei einer natürlichen *Alternaria*-Kontamination von Lebens- und Futtermitteln immer eine Mischexposition vorliegt, kann vermutlich die toxische Wirkung nicht nur auf eine einzige Substanz zurückgeführt werden. Die erzielten Ergebnisse zur Genotoxizität, Mutagenität, zum Metabolismus und zur Resorption von *Alternaria*-Toxinen mit Perylenchinon-Struktur in Säugerzellen lassen vermuten, dass ATX II und STTX III lokal am stärksten wirken und ATX I und ALTCH ihre schwächeren Wirkungen eher systemisch ausüben. Die genotoxische und mutagene Wirkung wird durch einen fehlenden detoxifizierenden Metabolismus verstärkt. Daher lassen die Ergebnisse dieser Arbeit vermuten, dass die starke Genotoxizität und Mutagenität von *Alternaria*-Extrakten nicht alleine auf die Anwesenheit der beiden mengenmäßig am häufigsten vorkommenden Toxine AOH und AME zurückzuführen sind. Das Vorhandensein geringerer Konzentrationen an *Alternaria*-Toxinen mit Perylenchinon-Struktur wird vermutlich unterschätzt, da bisher nur wenige Daten zu deren quantitativen Vorkommen und zur toxischen Wirkung existieren. In dieser Arbeit konnte für ATX II eine um den Faktor 20 stärkere genotoxische und um mindestens den Faktor 50 stärkere mutagene Wirkung im Vergleich zu AOH gezeigt werden. Auch bei der Untersuchung verschiedener *Alternaria*-Extrakte mittels Comet-Assay durch eine andere Arbeitsgruppe wurde ebenfalls ATX II für die genotoxische Wirkung verantwortlich gemacht (Schwarz *et al.*, 2012). Aufgrund der begrenzten Verfügbarkeit von ATX III, sowie Problemen mit Löslichkeit und Stabilität kann hier noch keine Aussage über die Wirkung des Diepoxids getroffen werden, obwohl im bakteriellen Ames-Test für diese Verbindung bereits die höchste mutagene Wirkung unter den *Alternaria*-Toxinen gezeigt wurde. Auch hier wurden über Probleme mit der Löslichkeit und der Bildung von unlöslichen Rückständen berichtet (Stack und Prival, 1986). Neben der festgestellten starken genotoxischen Wirkung der Perylenchinone erfolgt gleichzeitig jedoch auch eine Exposition gegenüber weiteren *Alternaria*-Toxinen. Im Zuge der Biosynthese können sich vor allem bei stark fortgeschrittener Kontamination große Mengen an Altenusin anreichern. Es konnte gezeigt werden, dass dieses Catechol in der Lage ist oxidative DNA-Schäden zu induzieren. Der Metabolismus von AOH und AME durch CYPs führt ebenfalls zur Bildung von Catecholen, welche dann zu oxidativen DNA-Schäden führen können. Durch vor allem CYP1A1-vermittelte Katalyse dieser Reaktion ist somit eine extrahepatische Aktivierung z.B. auch im Ösophagus wahrscheinlich. Die ebenfalls teilweise in größeren Mengen vorkommende TeA wirkt zytotoxisch durch Hemmung der Proteinsynthese und könnte somit bei Exposition gegenüber dem gesamtem *Alternaria*-Toxinspektrum die toxische Wirkung der anderen Toxine verstärken. Auch das Vorhandensein weiterer zytotoxischer Substanzen wie z.B. der Fumonisin-ähnlichen AAL-Toxine könnte, neben der initiierenden Wirkung durch Setzen eines genotoxischen Schadens durch die Perylenchinone oder auch AOH und AME, zu einem zusätzlichen promovierenden Stimulus beitragen. Die Frage der chronischen Toxizität dieser Mischexposition sollte daher genauer untersucht werden, bevor eine Aussage über das Gefährdungspotential in Lebens- und Futtermitteln getroffen werden kann.

Der Nachweis von *Alternaria*-Toxinen in Lebensmitteln ist meist mit einer bereits visuell sichtbaren Kontamination mit dem Schimmelpilz verbunden. Dadurch tragen vermutlich frische Produkte nicht zu einer wesentlichen Exposition bei, da verschimmelte Teile durch den Verbraucher meist aussortiert werden. Im Zuge der Lebensmittelprozessierung können jedoch hoch kontaminierte Produkte entstehen, wie es bereits vor allem bei Tomaten- oder Apfel-Produkten für AOH, AME und TeA gezeigt wurde. Insgesamt lässt die bisherige Datenlage jedoch keine Aussage über die tatsächliche Exposition gegenüber *Alternaria*-Toxinen zu. Im Wesentlichen scheiterte bisher der mangelnde Nachweis der *Alternaria*-Toxine mit Perylenchinon-Struktur daran, dass keine Referenzsubstanzen und keine auf die Substanzen abgestimmten und validierte Nachweismethoden zur Verfügung stehen. In älteren Studien wurde lediglich vereinzelt ATX I mit Dünnschichtchromatographie nachgewiesen, jedoch oft nur qualitativ oder mit einer hohen Nachweisgrenze. Über das Vorkommen der Perylenchinone ist bisher nur wenig bekannt. Unter Laborbedingung werden diese in *Alternaria*-Kulturen auf Reis oder Agar jedoch in nicht unerheblichem Maße gebildet. Im Zuge dieser Arbeit konnten ausreichende Mengen an ATX I, ATX II und STTX III für eine systematische Analyse von relevanten Proben gewonnen werden. Diese Toxin-Standards werden bereits zur Etablierung einer Multi-Methode zur Detektion von *Alternaria*-Toxinen in Lebensmitteln mittels LC-MS/MS am BfR eingesetzt. Da sich die Analytik aller potentiell möglichen *Alternaria*-Toxinen in Lebens- und Futtermitteln aufgrund der Heterogenität der chemischen Strukturen und physikalischen Eigenschaften als schwierig erscheint, könnte die Entwicklung einer Methode zur Erfassung von Leitsubstanzen sinnvoller sein, um dann eine Expositionsabschätzung gegenüber den genotoxischen Substanzen abzuleiten.

Insgesamt liefert diese Arbeit neue Erkenntnisse zur Toxizität und zum Metabolismus der bisher noch wenig untersuchten *Alternaria*-Toxine mit Perylenchinon-Struktur. Dabei kann im Vergleich zu den Dibenzo-α-pyronen von einem grundsätzlich verschiedenen genotoxischen Mechanismus ausgegangen werden. Die Ergebnisse deuten auf einen wesentlichen Beitrag der Perylenchinone zur Toxizität von

Alternaria-Gesamtextrakten hin, weshalb es als erforderlich erscheint, weitere Daten zum Vorkommen dieser Toxine in Lebens- und Futtermitteln zu sammeln.

2. Schlussfolgerung und Ausblick

Die Kontamination von Lebens- und Futtermitteln mit Mykotoxinen stellt ein weltweites Problem dar. Um eine Risikobewertung durchzuführen, besteht bezüglich des Vorkommens und der toxischen Wirkung dieser Substanzen weiterhin ein großer Forschungsbedarf. In dieser Arbeit wurden die genotoxische Wirkung und der *in vitro*-Metabolismus von Zearalenon und seinen Kongeneren sowie von *Alternaria*-Toxinen mit Perylenchinon-Struktur untersucht. Für beide Mykotoxin-Klassen gibt es, aufgrund von Tierversuchen oder epidemiologischen Daten, Hinweise auf eine krebserzeugende Wirkung, deren zugrundeliegenden Mechanismen jedoch weitgehend unbekannt sind. Insgesamt konnten Ergebnisse erzielt werden, die neue Ansatzpunkte für die toxikologische Bewertung dieser beiden Mykotoxin-Klassen darstellen. Dabei liefert die Aufklärung des Metabolismus einen entscheidenden Beitrag zum Verständnis der toxischen Wirkung. Während im Falle des Zearalenons eine metabolische Aktivierung durch CYP-vermittelte Bildung von reaktiven Catecholen vorliegt, handelt es sich bei Perylenchinonen aus *Alternaria* um direkt wirkende Genotoxine, die keinem wesentlichen inaktivierenden Metabolismus unterliegen. Vor allem aufgrund der bedenklichen Ergebnisse zur genotoxischen und mutagenen Wirkung der Perylenchinone sollten diese Mykotoxine stärker beachtet und erforscht werden, da bisher nur einige wenige und vor allem ältere Studien veröffentlicht wurden. Für eine Risikobewertung sind Daten zur Exposition dringend erforderlich. Die Bereitstellung von Referenzsubstanzen liefert einen ersten Schritt zur systematischen, validierten Analyse von Lebens- und Futtermitteln. Bezüglich der diskutierten kanzerogenen Wirkung beider Mykotoxin-Klassen ist jedoch auch die Rolle einer chronischen Exposition gegenüber niedrigen Konzentrationen nicht zu unterschätzen. Für die Beurteilung des Risikos wäre daher die weitere Aufklärung der Wirkmechanismen von Interesse. Da bei beiden Mykotoxin-Klassen elektrophile Verbindungen auftreten (entweder per se bei den Perylenchinonen oder als oxidative Metaboliten beim Zearalenon), wäre die Alkylierung von Proteinen oder der DNA denkbar. Vor allem der Nachweis der Bildung von DNA-Addukten bedarf daher weiterer Untersuchungen.

3. Material und Methoden

3.A Material und Methoden: Zearalenon-Kongenere

3.A.1 Chemikalien

ZEN wurde von der Firma Fermentek (Jerusalem, Israel), α-ZEL und ZAN von Sigma-Aldrich (Taufkirchen) bezogen. α-ZAL wurde aus dem Handelsprodukt Ralgro® (Merck Animal Health, Summit, NJ, USA) isoliert und mittels HPLC aufgereinigt. Die catecholischen Metaboliten 13- und 15-HO-ZEN/α-ZEL und 13- und 15-HO-ZAN/α-ZAL wurden wie in Kapitel 3.A.4 beschrieben synthetisiert und aufgereinigt. 2-HO-E1, 2-HO-E2, 4-HO-E1 und 4-HO-E2 wurden von Steraloids (Newport, RI, USA) erworben.

Alle verwendeten Chemikalien hatten eine Reinheit von ≥98% bezogen auf eine HPLC-Analyse und wurden, wenn nicht anders angegeben von Sigma-Aldrich (Taufkirchen) oder Roth (Karlsruhe) in einer Reinheit von mindestens „zur Synthese" bezogen.

3.A.2 Herstellung mikrosomaler Metaboliten

Zur Identifizierung möglicher Metaboliten mit einem höheren genotoxischen Potential als die Ausgangsverbindungen ZEN und α-ZAL wurden Gesamtextrakte aus mikrosomalen Umsetzungen hergestellt, um diese im Gesamten und nach Entfernung der catecholischen Metaboliten auf ihre Auswirkung auf die DNA-Integrität zu testen.

<u>Verwendete Chemikalien und Lösungen</u>

Mikrosomen wurden durch differentielle Zentrifugation aus homogenisiertem Lebergewebe von Ratte (Sprague-Dawley, männlich), aroRatte (arochlorinduziert, Wistar, männlich), Mensch (63-jähriger männlicher Kaukasier, zur Verfügung gestellt von Dr. J. Weymann, ehemals Knoll Pharmachemikalien, Ludwigshafen), Rind und Schwein (beides lokaler Schlachtbetrieb) gewonnen (Lake, 1987). Lebermikrosomen von männlichen B6C3F1-Mäusen wurden von BD Biosciences (Woburn, MA, USA) erworben. Die Proteinkonzentration wurde nach der Methode von Bradford mit Serumalbumin bestimmt (Bradford, 1976). Der CYP-Gehalt in nmol/mg Protein (Proteinkonzentration in mg/ml) betrug für die humanen, Ratten-, aroRatten-, Rinder-, Schweine- und Mäuselebermikrosomen 0,20 (7,2), 0,39 (27), 1,9 (32), 0,74 (16), 0,47 (12) und 0,48 (20) (Omura und Sato, 1964).

0,1 M Kaliumphosphat-Puffer (KPP, pH 7,4)

    0,1 M K_2HPO_4, die basische Komponente vorlegen

    0,1 M KH_2PO_4, mit der sauren Komponente den pH-Wert einstellen

NADPH-generierendes System in 0,1 M KPP

    0,035 M $NADP^+$

    0,25 M Isocitrat

    0,12 M $MgCl_2$

    0,025 U/µl Isocitrat-Dehydrogenase NADP aus Schweineherz
    (Sigma-Aldrich, Taufkirchen)

Ethylacetat

MeOH

DMSO

Al_2O_3

5 % EDTA-Lösung

0,1 % Phenolphthalein-Lösung in EtOH

1 N NaOH

<u>Durchführung zur Herstellung der Gesamtextrakte</u>

Für die mikrosomale Umsetzung werden 0,5 mg Protein der entsprechenden Lebermikrosomen in einem Gesamtvolumen von 1 ml 0,1 M KPP gelöst und mit 50 µM ZEN bzw. α-ZAL in einer Endkonzentration von 1% DMSO für 5 min bei 37°C vorinkubiert. Die Reaktion wird durch Zugabe von 35 µl NADPH-generierendem System gestartet. Die Inkubationszeit beträgt 1 h. Anschließend wird 3 Mal mit 0,5 ml Ethylacetat extrahiert. Die vereinigten organischen Phasen werden bis zur Trockne abgedampft und in 250 µl MeOH aufgenommen. 50 µl dieser Lösung werden zur Quantifizierung des Metabolitenprofils mittels LC-DAD-MS/MS eingesetzt, der Rest wird wiederum bis zur Trockne eingedampft und in 3 µl DMSO aufgenommen, wovon 2,5 µl zur Bestimmung von 8-Oxo-dG verwendet werden. Die Identifizierung der Metaboliten erfolgte anhand der Molekülionen (Tab. 8) und Fragmentierungen (Pfeiffer *et al.*, 2009b, Hildebrand *et al.*, 2010). Die Auftrennung der Komponenten in einem Injektionsvolumen von 20 µl erfolgt an einer Reversed-Phase-C18-Säule (Phenomenex Luna, 5 µ, C18(2), 110A, 250 x 4.60 mm, Torrance, CA, USA) und einer Flussrate von 500 µl/min. Eluiert wird mit einem Gradientenprogramm aus den beiden mobilen Phasen Acetonitril/Methanol (1:1) und Wasser mit jeweils 0,1% Ameisensäure (v/v) (Tab. 9). Die Konzentration der Metaboliten wurde über Kalibrierungskurven anhand der UV-Absorption bei

280 nm für ZEN (0,01-1 nmol, y=1025000x, r^2=0,999) und bei 260 nm für α-ZAL (0,02-2 nmol, y=1082000x, r^2=0,999) bestimmt.

LC-MS/MS

Thermo Scientific, Finnigan Surveyor (Waltham, MA, USA) Autosampler

Detektor: DAD

LXQ Linear Ion Trap MS^n (ESI, CID 2,5 V)

Software: Xcalibur 2.0.7

Tab. 8: Parameter der MS-Analysen im negativen ESI-Modus.

Metabolit	$[M-H]^-$	Metabolit	$[M-H]^-$
ZEN	317	ZAN	319
α-/β-ZEL	319	α-/β-ZAL	321
HO-ZEN	333	HO-ZAN	335
HO-ZEL	335	HO-ZAL	337

Tab. 9: Gradientenprogramm zur Trennung der oxidativen Metaboliten von ZEN und α-ZAL (LC-DAD-MS/MS).

Zeit [min]	ACN/MeOH (1:1) [%]	H_2O [%]
0	30	70
30	100	0
35	100	0
36	30	70

<u>Adsorptive Entfernung der catecholischen Metaboliten mit Al_2O_3</u>

Die mikrosomale Umsetzung von 50 µM ZEN bzw. α-ZAL erfolgt wie oben beschrieben, jedoch mit 1 mg Protein. Nach Ablauf der Inkubationszeit wird die Probe zu 0,1 g Al_2O_3 gegeben, mit 0,4 ml 5 %-iger EDTA-Lösung und 0,02 ml einer 0,1 %-igen Phenolphthalein-Lösung versetzt. Anschließend wird der pH-Wert mit 1 N NaOH bis zur deutlichen Rotfärbung des Indikators (pH 8,4) eingestellt. Die Lösung wird für 5 min kräftig durchmischt, bei 15 000 g für 5 min abzentrifugiert und wie oben beschrieben extrahiert, analysiert und zur Bestimmung von 8-Oxo-dG eingesetzt.

3.A.3 Bestimmung von 8-Oxo-7,8-dihydro-2'-desoxyguanosin in Kalbsthymus-DNA

Einen Biomarker für das Maß an oxidativem Stress stellt aufgrund der Oxidationsanfälligkeit der DNA-Base Guanin dessen Oxidationsprodukt 8-Oxo-dG dar. Im zellfreien System an isolierter Kalbsthymus-DNA unter Zugabe von NADPH und $CuCl_2$ kann die Fähigkeit von Substanzen untersucht werden, im Zuge von Redox-Cycling ROS zu generieren und dadurch die DNA zu oxidieren. Die Menge an gebildetem 8-Oxo-dG wird mittels LC-ESI-MS/MS im SRM-Modus unter Zugabe eines isotopenmarkierten internen Standards quantifiziert.

<u>Verwendete Puffer und Lösungen</u>

Desoxyribonukleinsäure Natriumsalz, aus Kalbsthymus, Typ I, fibrillär (Sigma-Aldrich, Taufkirchen)

0,01 M Kaliumphosphat-Puffer (KPP, pH 7,4)

Chloroform/Isoamylalkohol (24:1 (v/v))

2 mM NADPH

100 µM $CuCl_2$

DNA-Hydrolyse-Puffer (pH 8,5)

 10 mM $MgCl_2 \cdot 6H_2O$

 40 mM   Tris

 800 U/ml Katalase aus Rinderleber (Sigma-Aldrich, Taufkirchen), frisch zugeben

2 M NaCl

70% EtOH

Enzyme für die DNA-Hydrolyse

 0,0025 U/µl   Phosphodiesterase I (PDE I) aus *Crotalus atrox*, Typ IV (Sigma-Aldrich, Taufkirchen)

 200 U/µl   Desoxyribonuklease I (DNase I) aus Rinderpankreas (Sigma-Aldrich, Taufkirchen)

 1 U/µl   Alkalische Phosphatase (AP) aus *Pandalus borealis* (GE Healthcare, Solingen)

231,4 µM $^{15}N_5$-8-Oxo-dG (1/100//1/16//Verdünnung nach Zugabe im Probenaliquot 1/11=50+5)

$^{15}N_5$-dGMP·2Li (Silantes, München)

AP-Puffer (pH 8,5)

 5 mM $MgCl_2 \cdot 6H_2O$

 25 mM   Tris

170 mM Ascorbinsäure

20 mM $CuSO_4$

30% H_2O_2

8-Oxo-dG

Herstellung des internen Standards

10 mg $^{15}N_5$-dGMP werden in 2 ml AP-Puffer gelöst und 10 min bei 37°C vorinkubiert. Die Entfernung des Phosphatrests erfolgt durch Zugabe von 20 µl AP und Inkubation für 2 h. Nach Ablauf der Reak-

tionszeit wird die Lösung mit 10 ml H_2O dest. verdünnt. Zur Oxidation der Base werden 700 µl 170 mM Ascorbinsäure-Lösung, 300 µl 20 mM $CuSO_4$-Lösung und 300 µl 30%iges H_2O_2 zugegeben und für 30 min bei Raumtemperatur inkubiert. Die Reaktion wird durch Zugabe von 12,5 U Katalase abgestoppt und bis zum Abklingen der Gasentwicklung nachinkubiert. Nach Zentrifugation erfolgt die präparative Aufreinigung des gewonnen $^{15}N_5$-8-Oxo-dG an einer Reversed-Phase-C18-Säule (Phenomenex Luna 5µ C18(2) 100A, 250x1500 mm), einem Injektionsvolumen von 2 ml, einem Fluss von 4 ml/min und einer Detektionswellenlänge von 295 nm. Die Elution wird isokratisch mit 84% H_2O und 16% MeOH durchgeführt. Die Stammlösung wies eine Reinheit von $\geq$ 99% auf. Die Konzentration wurde durch eine Kalibrierungskurve anhand der UV-Absorption bei 295 nm für 8-Oxo-dG (0,2-5 nmol, y=15858x-41405, r^2=0,999) bestimmt. Die chromatographische Trennung erfolgte dabei an einer Reversed-Phae-C18-Säule (Phenomenex Luna 3µ C18(2) 100A, 150x4,6 mm) isokratisch mit 87% H_2O und 12% MeOH und einem Fluss von 0,4 ml/min bei einer Detektionswellenlänge von 295 nm.

Präparation der Kalbsthymus-DNA-Lösung

1 mg Kalbsthymus-DNA/ml werden aufgrund der fibrillären Struktur mit Hilfe von Pinzette und Schere eingewogen und in 10 mM KPP gelöst. Der Kopfraum wird mit N_2 geflutet und die Lösung bei Raumtemperatur im Dunkeln für 1 h gerührt. Nach einer photometrischen Bestimmung des DNA-Gehalts bei λ=260 nm und der Annahme, dass A=1 einem Gehalt von 50 ng/µl DNA entspricht werden Aliquote zu je 60 µg DNA hergestellt und bei -20°C gelagert.

Substanzinkubation und DNA-Isolierung

Die Substanzinkubation erfolgt im Dunkeln bei 37°C für 3 h in 0,01 M KPP. Zur Aktivierung des Redox-Cycling-Zyklus werden 10 µM $CuCl_2$ und 200 µM NADPH zugegeben. Das Gesamtvolumen beträgt 250 µl bei einer Endkonzentration von 1% DMSO. Nach Ablauf der Inkubationszeit wird die Reaktion auf Eis gestoppt und die Substanzen durch zweimalige Extraktion mit 250 µl eines Chloroform/Isoamylalkohol-Gemischs (24:1 (v/v)) entfernt. Anschließend wird die DNA durch Zugabe von 25 µl 2 M NaCl und 500 µl Ethanol ausgefällt und für 10 min bei -20°C belassen. Die zusammengeballte DNA wird bei 4°C und 20 000 g für 10 min abzentrifugiert. Nach Waschen mit 500 µl 70% Ethanol wird das Pellet 30 min an der Luft getrocknet.

DNA-Hydrolyse und LC-MS-Analyse

Die trockene DNA wird mit 50 µl DNA-Hydrolyse-Puffer versetzt, welchem zuvor 40 U Katalase (800 U/ ml) als Antioxidans frisch zugesetzt wurde. Das DNA-Pellet wird für 1 h bei 20°C im Thermomixer gelöst. Anschließend werden die entsprechenden Enzyme für die Hydrolyse der DNA zugegeben. Es werden hierfür 2,5 µl DNase I (200 U/ µl), 10 µl PDE I (0,0025 U/ µl) und 2,5 µl AP (1 U/ µl) benötigt. Die Hydrolyse erfolgt für 2 h bei 37°C. Durch Zentrifugation in den Zentrifugalfiltern Roti-Spin Mini-10 bei 14 000 g für 10 min werden die Enzyme wieder von der Probelösung abgetrennt. In der Lösung liegen nun die einzelnen Nukleoside vor, die nach Zugabe des internen Standards (Endkonzentration 13,1477 nM) mittels LC-ESI-MS/MS analysiert werden.

Die Auftrennung der Komponenten in einem Injektionsvolumen von 20 µl erfolgt durch Flüssigchromatographie mit einer Reversed-

Phase-C18-Säule (Phenomenex Gemini-NX, 3 µ, C18, 110A, 150 x 4.60 mm). Eluiert wird mit einem Gradientenprogramm aus den beiden mobilen Phasen Methanol und Wasser mit jeweils 0,1% Ameisensäure (v/v) (Tab. 10).

Tab. 10: Gradientenprogramm zur Trennung von 8-Oxo-dG und den unmodifizierten Nukleosiden (LC-DAD-MS/MS).

Zeit [min]	MeOH [%]	H_2O [%]	Fluss [µl/min]
0	10	90	200
15	20	80	200
25	30	70	200
28	100	0	200
29	100	0	400
40	100	0	400
41	10	90	400
60	10	90	400
61	10	90	200
70	10	90	200

Die im Arbeitskreis modifizierte Methode stellt eine simultane Bestimmung der unmodifizierten Nukleoside und 8-Oxo-dG aus einem Ansatz dar (Hua *et al.*, 2001). Die Nukleoside werden chromatographisch aufgetrennt und durch UV-Detektion bei $\lambda=260$ nm bestimmt. Durch zwei verschiedene SRM-Scans („selected reaction monitoring") können gleichzeitig 8-Oxo-dG und $^{15}N_5$-8-Oxo-dG selektiv und sensitiv erfasst werden (Tab. 11). Die Chromatogramme aus den verschiedenen Massenspuren und der Absorption bei 260 nm sind in Abb. 34 dargestellt.

Tab. 11: SRM-Bedingungen für die Analyse von 8-Oxo-dG im negativen ESI-Modus.

Scan-Event	Vorläuferion [m/z]	Fragmention [m/z]	Detektionsbereich
8-Oxo-dG	282	192	189,5-194,5
$^{15}N_5$-8-Oxo-dG	287	197	194,5-199,5

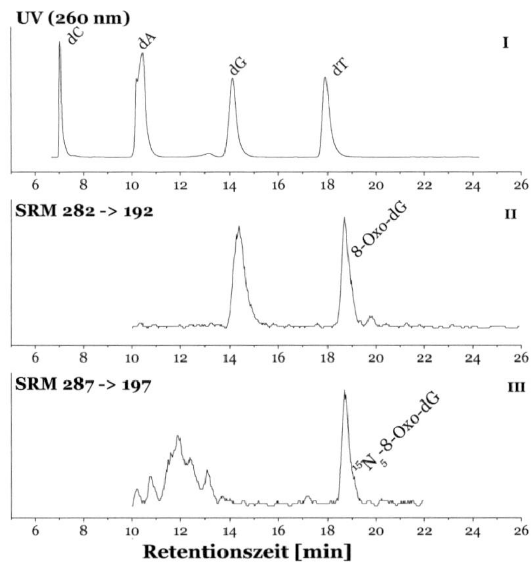

Abb. 34: Chromatogramm bzw. Massenspuren der LC- MS/MS-Analyse von 8-Oxo-dG mit $^{15}N_5$-8-Oxo-dG als internem Standard. (I) UV-Absorption der unveränderten Basen bei 260 nm; (II) SRM-Spur von 8-Oxo-dG (m/z 282 auf 192); (III) SRM-Spur von $^{15}N_5$-8-Oxo-dG (m/z 287 auf 197).

Berechnung der oxidativen DNA-Schäden in Form von 8-Oxo-dG

Die oxidativen DNA-Schäden werden angegeben als die Anzahl der Moleküle 8-Oxo-dG bezogen auf die unveränderten Nukleoside Desoxyguanosin (dG). Der Gehalt der Probe an dG wird durch eine externe Kalibrierung in einem Konzentrationsbereich von 18,7-

561,3 µM ermittelt (y=57072x+574049, r²=0,9949). Die Menge an 8-Oxo-dG wird über dessen internen, stabilisotopenmarkierten Standard $^{15}N_5$-8-Oxo-dG berechnet und auf den Gehalt an unverändertem dG bezogen.

3.A.4 Synthese der aromatisch hydroxylierten Metaboliten von ZEN und seinen Kongeneren

Die aromatisch hydroxylierten Metaboliten von ZEN und seinen Kongeneren sind käuflich nicht zu erwerben und müssen daher zuvor chemisch oder enzymatisch hergestellt werden.

3.A.4.1 Chemische Synthese durch Oxidation mit *o*-Iodoxybenzoesäure

Elektronenreiche Phenol-Derivate werden unter milden Bedingungen regioselektiv mit *ortho*-Iodoxybenzoesäure (IBX) zu *ortho*-Chinonen oxidiert (Magdziak *et al.*, 2002, Saeed *et al.*, 2005). Das *ortho*-Chinon wird mit Ascorbinsäure zum Catechol reduziert, welches dann mittels präparativer HPLC aufgereinigt wird. Bei den Mykotoxinen ZEN, α-ZEL und α-ZAL handelt es sich bei der Ausgangsstruktur um ein Resorcin-Derivat, also um ein Benzol mit zwei Hydroxygruppen in *meta*-Stellung. Die Hydroxylierung findet dabei bevorzugt an Position C-13, also in ortho-Stellung zur vorhandenen Hydroxyfunktion an Position C-14 statt, da anschließend eine Umlagerung aufgrund der OH-Gruppe an Position C-16 zum stabileren para-Chinon erfolgt. Dieses wird durch Zugabe von Ascorbinsäure zu den entsprechenden Hydrochinonen 13-HO-ZEN, 13-HO-α-ZEL und 13-HO-α-ZAL reduziert (Abb. 35). Gleichzeitig entsteht bei der

Umsetzung von α-ZAL mit IBX durch die oxidativen Bedingungen auch das 13-HO-ZAN.

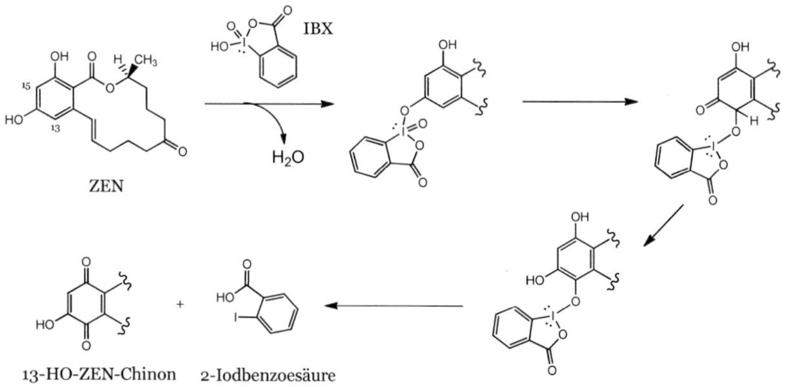

Abb. 35: Reaktionsmechanismus der Oxidation mit IBX am Beispiel von ZEN (nach Magdziak et al., 2002).

<u>Verwendete Chemikalien und Lösungen</u>

o-Iodoxybenzoesäure (IBX, stabilisiert, >45%)

Dimethylformamid

10% Ascorbinsäure-Lösung

<u>Präparative HPLC</u>

Shimadzu Prominence LC-8A (Nakagyo-ku, Kyōto, Japan)

manuelle Injektion (Rheodyne 7725i)

Detektor: UV SPD-20A

Software: LC Solution 1.22

<u>Durchführung</u>

Zur Synthese der Chinone werden je 1 mg ZEN, α-ZEL bzw. α-ZAL eingewogen und mit 5 mg IBX versetzt. Die Substanzen werden in 1,5 ml Dimethylformamid (DMF) gelöst und für 1 Stunde im Dunkeln bei Raumtemperatur gerührt. Nach Zugabe einer Spatelspitze IBX wird eine weitere Stunde gerührt. Anschließend wird der Reaktionsansatz mit 0,5 ml 10%iger Ascorbinsäurelösung reduziert. Das Reaktionsgemisch wird durch präparative HPLC mit einer Reversed-Phase-C18-Säule (Phenomenex Luna 5µ C18(2) 100A, 250 x 1500 mm), einem Injektionsvolumen von 500 µl und einem Fluss von 10 ml/min unter den in Tab. 12 angegebenen chromatographischen Bedingungen fraktioniert.

Tab. 12: Gradientenprogramm zur Aufreinigung der IBX-Syntheseprodukte von ZEN, α-ZEL und α-ZAL (präparative HPLC). Die Detektion erfolgte bei 254 nm.

Zeit	ACN	H_2O
[min]	[%]	[%]
0	40	60
17	78	22
19	40	60

Der Lösemittelanteil der HPLC-Fraktionen wurde unter vermindertem Druck entfernt und die wässrigen Lösungen mit 3 Mal 2 ml Ethylacetat extrahiert. Die vereinigten organischen Phasen werden bis zur Trockne abgedampft und in MeOH aufgenommen. Nach der Konzentrationsbestimmung mittels LC-DAD-MS/MS (siehe 3.A.2) wird das Methanol abgeblasen und der Rückstand in einem entsprechenden Volumen an DMSO aufgenommen. Die Stammlösungen wiesen eine HPLC-Reinheit von ≥ 99,8% für 13-HO-ZAL, ≥ 96,4% für 13-HO-ZAN, ≥ 95,3% für 13-HO-ZEN und ≥ 88,5% für 13-HO-α-ZEL.

3.A.4.2 Enzymatische Synthese durch Mikrosomale Umsetzung

Die Umsetzung von ZEN und α-ZAL mit Rattenlebermikrosomen führt zu den entsprechenden hydroxylierten Metaboliten. Mittels

HPLC wurden 15-HO-ZEN, 15-HO-α-ZEL, 15-HO-ZAN und 15-HO-α-ZAL aufgereinigt.

<u>Verwendete Chemikalien und Lösungen</u>
siehe 3.A.2

<u>Analytische HPLC</u>
Agilent Technologies HP 1100 (Santa Clara, CA, USA)
manuelle Injektion (Rheodyne 7725i)
Detektor: DAD
Software: HP Chem Station Rev.A.07.01

<u>Durchführung</u>
Die mikrosomale Umsetzung von ZEN und α-ZAL erfolgt nach Kapitel 3.A.2 mit 1 mg/ml Rattenlebermikrosomen. Anschließend wird 3 Mal mit 0,5 ml Ethylacetat extrahiert. Die vereinigten organischen Phasen werden bis zur Trockne abgedampft und in 100 µl MeOH aufgenommen. Je 50 µl des Reaktionsgemisches werden durch Flüssigchromatographie mit einer Reversed-Phase-C18-Säule (Phenomenex Luna, 5 µ, C18(2), 110A, 250 x 4.60 mm, Torrance, CA, USA) und einer Flussrate von 1 ml/min aufgetrennt. Eluiert wird mit einem Gradientenprogramm aus den beiden mobilen Phasen Acetonitril und Wasser mit jeweils 0,1% Ameisensäure (v/v) (Tab. 13).

Tab. 13: Gradientenprogramm zur Auftrennung der oxidativen Metaboliten von ZEN und α-ZAL (analytische HPLC).

Zeit [min]	ACN [%]	H_2O [%]
0	30	70
25	63,3	36,7
27	100	0
29	30	70

Der Lösemittelanteil der aus zwei Läufen erhaltenen HPLC-Fraktionen wurde unter vermindertem Druck entfernt und die wässrigen Lösungen 3 Mal mit 0,5 ml Ethylacetat extrahiert. Die vereinigten organischen Phasen werden bis zur Trockne abgedampft und in MeOH aufgenommen. Nach der Konzentrationsbestimmung mittels LC-DAD-MS/MS (siehe 3.A.2) wird das Methanol abgeblasen und der Rückstand in einem entsprechenden Volumen an DMSO aufgenommen. Die Stammlösungen wiesen eine Reinheit von ≥ 97,5% für 15-HO-α-ZAL, ≥ 81,9% für 15-HO-ZAN, ≥ 94,1% für 15-HO-ZEN und ≥ 93,6% für 15-HO-α-ZEL auf.

3.A.5 NADPH-Oxidation

Durch photometrische Messung der NADPH-Oxidation kann das Redox-Cycling-Potential *in vitro* indirekt bestimmt werden. Durch Einsatz der zu untersuchenden Substanz im zellfreien System wird die nicht-enzymatische NADPH-Oxidation erfasst. Im zellulären System haben jedoch viele Enzyme die Möglichkeit das Redox-Cycling zu katalysieren. Enzyme wie Superoxiddismutase oder die in Mikrosomen vorhandene NADPH-Cytochrom P450-Reduktase sind in der Lage die stattfindenden Gleichgewichtsreaktionen zu beeinflussen. Durch Zugabe der isolierten Enzyme bzw. von Mikrosomen wird dieser Effekt simuliert.

<u>Verwendete Puffer und Lösungen</u>
0,01 M Kaliumphosphatpuffer (KPP) (pH 7,4)
2 mM NADPH
100 µM $CuCl_2$
Rattenlebermikrosomen (siehe 3.A.2)

<u>Nicht-enzymatische Durchführung</u>

In einer 96-Well-Platte wird die Substanz in einer Endkonzentration von 2,5-10 µM und 1% DMSO zusammen mit 10 µM $CuCl_2$ in 0,01 M KPP gelöst. Die Messung wird nach Zugabe von 200 µM NADPH gestartet. Das Gesamtvolumen beträgt 200 µl. Die Oxidation des NADPH zum $NADP^+$ wird durch die Messung der Abnahme der Extinktion bei $\lambda=340$ nm in einem Plattenlesegerät (GENios, Tecan, Crailsheim) bestimmt. Über einen Zeitverlauf von 120 Minuten wird alle 10 Minuten der verbleibende NADPH-Gehalt gemessen. Der NADPH-Verbrauch wird über eine externe Kalibrierung ermittelt und auf die Zeit und die Substanzkonzentration bezogen.

<u>Enzymatische Katalyse des Redox-Cycling</u>

Zeigt die Substanz im oben beschriebenen Ansatz keine Redox-Cycling-Aktivität so kann diese durch die Zugabe von 7,5 µg Rattenlebermikrosomen pro Well forciert werden.

3.B Material und Methoden: *Alternaria*-Toxine

3.B.1 Chemikalien

AOH, AME und ALT wurden von Sigma-Aldrich (Taufkirchen) bezogen. Eine kleine Menge an reinem ATX I wurde freundlicherweise von Dr. Michele Solfrizzo (Istituto di Scienze delle Produzioni Alimentari, Bari, Italien) zur Verfügung gestellt. Altenusin wurde von Alexis Biochemicals (Axxora, Lörrach) erworben. Alle restlichen, in dieser Arbeit verwendeten *Alternaria*-Toxine wurden aus *Alternaria*-Kulturen isoliert und mittels HPLC aufgereinigt (s. 3.B.2). *Alternaria*-Toxine mit Perylenchinon-Struktur sind instabil in DMSO-haltigen Lösungen und bilden unlösliche, braune Produkte. Deshalb werden alle Stammlösungen in möglichst geringer Konzentration (0,5 bis 0,05 mM) in Ethylacetat gelagert und kurz vor der Verwendung in Methanol oder Ethanol überführt.

Alle verwendeten Chemikalien hatten eine Reinheit von ≥98% bezogen auf eine HPLC-Analyse und wurden, wenn nicht anders angegeben von Sigma-Aldrich (Taufkirchen) oder Roth (Karlsruhe) in der jeweils höchsten Reinheit bezogen.

3.B.2 Isolierung und Analytik der Mykotoxine aus Pilzkulturen von Alternaria spp.

<u>Verwendete Puffer und Lösungen</u>

Alle Medien werden vor Verwendung autoklaviert.

Potato-Dextrose-Agar (PDA, Kartoffelextrakt-Glucose-Agar; Roth, Karlsruhe)

    4 g/l Kartoffelextrakt

    20 g/l Glucose

    15 g/l Agar

Reis-Medium

    150 g Parboiled Reis (Marke Gut & Günstig, lokaler Supermarkt) werden mit 80 ml dest. H2O versetzt und autoklaviert

Reismehlextrakt-Medium

    40 g Reismehl (lokaler Supermarkt) werden in 1 l dest. H2O gelöst und autoklaviert, der Reiskuchen wird abgetrennt und der Extrakt mit 1 g Hefeextrakt und 30 g Glucose versetzt, auf 1 l aufgefüllt und nochmals autoklaviert.

Yeast-Extract-Sucrose-Agar (YES, Hefeextrakt-Glucose-Agar)

    20 g/l Hefeextrakt

    150 g/l Saccharose

    20 g/l Agar

0,15 M Natriumacetat-Puffer, pH 5

Extraktionslösung I (3:7-Gemisch aus Natriumacetat-Puffer und Methanol (v/v))

Extraktionslösung II (3:2:1-Gemisch aus Ethylacetat, Dichlormethan und Methanol (v/v))

Ethylacetat

Methanol

3.B.2.1 Kultivierung von *Alternaria* spp.

Die Pilzstämme *A. alternata* TA7, *A. alternata* TA16 und *A. tenuissima* TA178 wurden in Kooperation mit dem Arbeitskreis von Herrn Prof. Christoph Syldatk am Institut für Bio- und Lebensmitteltechnik, Bereich II: Technische Biologie (KIT, Karlsruhe) im Rahmen der Wissenschaftlichen Abschlussarbeit von Silvio Castriglia kultiviert. Die Pilzstämme wurden von Dr. Marina Müller (Zentrum für Agrarlandschaftsforschung ZALF e.V., Müncheberg) zur Verfügung gestellt und zunächst auf PDA in 10-cm-Petrischalen angezüchtet. Zur Gewinnung der Toxine wurde jeweils eine Woche vor Inkubationsbeginn auf dem jeweiligen neuen Medium der Pilz in eine frische 10-cm-Petrischale mit PDA überführt. Für die Inkubation in flüssigem Reismehlextrakt-Medium werden 500 ml des Mediums in einem 1 l-Schikane-Kolben mit sechs 0,5 x 0,5 cm großen Mycelpads, die mit einer sterilen Impföse ausgestochen wurden, versetzt. Die Mycelpads sollen dabei auf der Oberfläche schwimmen um ein optimales Wachstum zu gewährleisten. Bei der Inkubation auf Reis-Medium werden ebenfalls 6 Mycelpads gleichmäßig auf dem Reis verteilt und während des Wachstums regelmäßig aufgelockert. Die Pilze werden im belüfteten Brutschrank bei 25°C für 2 bis 5 Wochen inkubiert.
Der Pilzstamm *A. alternata* MRI 1293 wurde am Max-Rubner-Institut (Karlsruhe) im Arbeitskreis von Herrn Prof. Rolf Geisen auf YES-Nährböden in 10 cm-Petrischalen bei 25°C bis zur vollständigen Bewachsung kultiviert und anschließend bei -18°C gelagert.

3.B.2.2 Isolierung von *Alternaria*-Gesamtextrakten

<u>Reis</u>

Der verschimmelte Reis wird mit 1 l Extraktionslösung I versetzt, mit dem Pürierstab homogenisiert und 30 min gerührt. Nach Filtration wird der verbliebene Rückstand nochmals mit 350 ml Extraktionslösung I versetzt. Das Methanol der vereinigten Filtrate wird am Rotationsverdampfer abgezogen und die wässrige Phase mit Ethylacetat ausgeschüttelt. Der Extrakt wird über Natriumsulfat getrocknet und nach Filtrieren und Abziehen des Lösemittels am Rotationsverdampfer in Methanol aufgenommen.

<u>Reismehlextrakt</u>

Das Flüssigmedium wird mit 0,5 Volumenteilen 0,15 M Natriumacetat-Puffer versetzt und in einem Scheidetrichter mit Ethylacetat ausgeschüttelt. Der Extrakt wird über Natriumsulfat getrocknet und nach Filtrieren und Abziehen des Lösemittels am Rotationsverdampfer in Methanol aufgenommen.

Das Mycel wird in 500 ml 0,15 M Natriumacetat-Puffer überführt, homogenisiert und analog des Flüssigmediums aufgearbeitet.

<u>YES-Agar</u>

Der vom Pilz bewachsene Agar (aufbewahrt bei -20°C) wird nach dem Auftauen mit dem Skalpell in kleine Stücke geschnitten und in einer Glasflasche mit 600 ml der Extraktionslösung II versetzt. Nach Ultraschallbehandlung über 1 h wird die Lösung filtriert, bis auf wenige ml am Rotationsverdampfer eingeengt, mit Ethylacetat extrahiert und in Methanol aufgenommen.

3.B.2.3 Fraktionierung des Gesamtextrakts mittels präparativer HPLC

Die erhaltenen methanolischen Pilzextrakte werden durch präparative HPLC mit einer Reversed-Phase-C18-Säule (Phenomenex Luna 5µ C18(2) 100A, 250x1500 mm), einem Injektionsvolumen von 500-1500 µl und einem Fluss von 10 ml/min unter den in Tab. 14 angegebenen chromatographischen Bedingungen fraktioniert.

Tab. 14: Gradientenprogramme zur Aufreinigung der *Alternaria*-Toxine aus *Alternaria*-Kulturen (präparative HPLC). Die Detektion erfolgte bei 254 nm. Zuordnung analog Abb. 36.

A

Zeit [min]	MeOH [%]	H_2O [%]
0	60	40
20	100	0
22	60	40

B

Zeit [min]	ACN [%]	H_2O [%]
0	40	60
5	40	60
10	50	50
15	70	30
22	70	30

C

Zeit [min]	ACN [%]	H_2O [%]
0	30	70
20	100	0

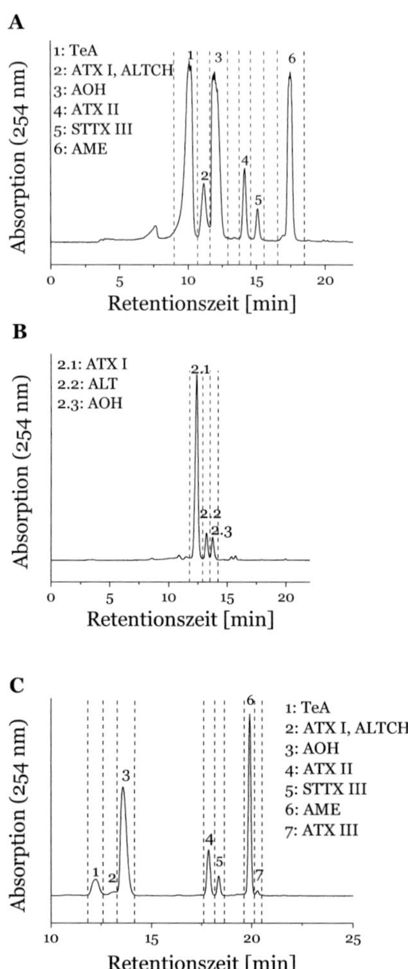

Abb. 36: Chromatogramme der präparativen Trennung verschiedener *Alternaria*-Extrakte: (A) *A. alternata* MRI1293 kultiviert auf YES-Agar, Fraktionierung mit Me-OH-Gradient A; (B) Nachfraktionierung der Fraktion 2 aus Extrakt A mit ACN-Gradient B; (C) *A. alternata* MRI 1293 kultiviert auf YES-Agar mit 50 g/l NaCl, Fraktionierung mit ACN-Gradient C.

<u>Präparative HPLC</u>

Shimadzu Prominence LC-8A (Nakagyo-ku, Kyōto, Japan)

manuelle Injektion (Rheodyne 7725i)

Detektor: UV SPD-20A

Software: LC Solution 1.22

Der Lösemittelanteil der HPLC-Fraktionen wurde unter vermindertem Druck entfernt und die wässrigen Lösungen mit 3 Mal 2 ml Ethylacetat extrahiert. Die vereinigten organischen Phasen werden bis zur Trockne abgedampft und in MeOH aufgenommen. Abb. 36 zeigt verschiedene Chromatogramme der präparativen Aufreinigung verschiedener *Alternaria*-Gesamtextrakte oder Fraktionen.

3.B.2.4 Identifizierung der *Alternaria*-Toxine und Analytik mittels LC-DAD-MS/MS

Die ^{1}H- und ^{13}C-NMR-Spektren wurden am KIT im Arbeitskreis von Prof. Podlech, Institut für Organische Chemie aufgenommen. Basierend auf den gewonnen Strukturinformationen und dem Vergleich mit der Literatur können die isolierten Perylenchinone ATX I, ATX II und STTX III eindeutig identifiziert werden. Dagegen muss die Struktur von ALTCH und ATX III tentativ angesehen werden, da die gewonnene Menge zu gering war um eine Verifikation mittels NMR-Spektroskopie durchzuführen und kein Referenzmaterial zur Verfügung stand. Anhand von Referenzverbindungen wurden AOH, AME, 4-HO-AME, ALT, Altenusin, TeA und ATX I eindeutig identifiziert. Die Strukturen von Dehydroaltenusin und Altertenuol wurden nur anhand der UV- und Massenspektren sowie der Identifizierung einer Catecholstruktur (Methylierung durch die COMT) zugeordnet. Die erhaltenen Molekülionen aller untersuchten *Alternaria*-

Toxine sind in Tab. 15 aufgelistet. Die Stammlösungen aller Verbindungen wiesen eine HPLC-Reinheit von > 98% auf und wurden in Ethylacetat gelagert. Die Auftrennung der Komponenten aus dem Gesamtextrakt oder aufgereinigten Fraktionen in einem Injektionsvolumen von 20 µl erfolgt durch Flüssigchromatographie mit einer Reversed-Phase-C8-Säule (Phenomenex Luna, 5 µ, C8(2), 110A, 250 x 4.60 mm, Torrance, CA, USA) und einer Flussrate von 500 µl/min. Eluiert wird mit einem Gradientenprogramm aus den beiden mobilen Phasen Acetonitril und Wasser mit jeweils 0,1% Ameisensäure (v/v) (Tab. 16).

LC-MS/MS

Thermo Scientific, Finnigan Surveyor (Waltham, MA, USA)

Autosampler

Detektor: DAD

    LXQ Linear Ion Trap MS^n (ESI, CID 2,5 V)

Software: Xcalibur 2.0.7

Tab. 15: Parameter der MS-Analysen im negativen ESI-Modus.

Metabolit	$[M-H]^-$	Metabolit	$[M-H]^-$
AOH	257	ATX I	351
AME	271	ALTCH	349
ALT/iALT	291	ATX II	349
4-HO-AME	287	STTX III	347
Altenusin	289	ATX III	347
Dehydroaltenusin	287		
Altertenuol	273		
TeA	196		

Tab. 16: Gradientenprogramm zur Trennung der *Alternaria*-Toxine (LC-DAD-MS/MS).

Zeit [min]	ACN [%]	H_2O [%]
0	40	60
2	40	60
7	50	50
12	70	30
24	70	30
29	100	0
31	100	0
32	40	60
34	40	60

Für die Bestimmung der Konzentration wurden folgende Extinktionskoeffizienten verwendet (Stack *et al.*, 1986, Stack und Mazzola, 1989, Asam *et al.*, 2009): AOH: ε (256 nm, Acetonitril) 4,06 x 10⁴; AME: ε (256 nm, Acetonitril) 4,76 x 10⁴; ATX I: ε (256 nm, Methanol) 3,46 x 10⁴; ATX II: ε (258 nm, Methanol) 3,17 x 10⁴; ATX III: ε (265 nm, Methanol) 1,45 x 10⁴; STTX III: ε (274 nm, Methanol) 2,6 x 10⁴; ALTCH: siehe ATX I. Die Quantifizierung von ATX I, ATX II, ALTCH und STTX III bei der LC-DAD-MS/MS-Analyse erfolgte aufgrund von Substanzmangel anhand einer Ein-Punkt-Kalibrierung für ATX II, wobei für alle ein ähnlicher Extinktionskoeffizient bei 254 nm gilt (1 nmol = 2 x 10⁶ Flächeneinheiten). ATX III wurde ebenfalls durch eine Ein-Punkt-Kalibrierung bei 254 nm bestimmt (1 nmol = 0,8 x 10⁶ Flächeneinheiten). Für AOH bzw. AME wurden Kalibrierungskurven bei 254 nm aufgestellt: y=3620000x (0,1-1 nmol, r^2=0,999) bzw. y=4086000x, (0,025-1 nmol, r^2=0,999).

<u>Perylenchinone</u>

ATX I: UV-Absorption (Methanol): 212, 257 (Maximum), 286 (sh), 296 (sh), 352 nm. Minima bei 233, 278 und 318 nm. Das UV-Spektrum ist identisch mit dem in der Literatur beschriebenen (Stack *et al.*, 1986). MS: *m/z* 351 (rel. Intensität 100%), 333 (28), 315 (16). MS^2 von *m/z* 351: *m/z* 333 (100), 315 (11), 305 (53), 289 (2), 263 (23). Retentionszeit der LC-DAD-MS-Analyse: 12,2 min. Das isolierte ATX I hat die gleichen UV- und MS-Eigenschaften wie ein authentischer Standard.

ATX II: UV-Absorption (Methanol): 215, 259 (Maximum), 287 (sh), 298 (sh), 360 nm. Minima bei 232 und 315 nm. Das UV-Spektrum ist identisch mit dem in der Literatur beschriebenen (Stack *et al.*, 1986). MS: *m/z* 349 (20), 331 (100), 313 (7). MS^2 von *m/z* 349: *m/z* 331 (100), 313 (6), 303 (14), 287 (3), 263 (7). Retentionszeit der LC-DAD-MS-Analyse: 15,6 min. ^{1}H NMR-Spektrum (600 MHz, CDCl3, Nummerierung gemäß Abb. 8): δ 2.39 (dt, J = 4.0, 13.3 Hz, 1 H, H-9 ax); 2.84-2.86 (m, 1 H, H-10 eq); 2.78-2.91 (ddd, J = 2.5, 4.8, 3.2 Hz, 1 H, H-9 eq); 3.23-3.26 (m, 1 H, H-10 ax); 3.54 (d, J = 2.5 Hz; 1 H, H-8b); 3.70 (dd, J = 1.2, 3.6 Hz, 1 H, H-7a);4.22 (d, J = 3.6 Hz, 1 H, H-8a); 7.05 (d, J = 8.8 Hz, 1 H, H-5); 7.10 (d, J = 8.8 Hz, 1 H, H-2);7.84 (d, J = 8.8 Hz, 1 H, H-4); 7.91 (d, J = 8.8 Hz, 1 H, H-3); 12.12 (br, 1 H, 6-OH); 12.72 (br, 1 H, 1-OH). Das ^{1}H NMR-Spektrum ist identisch mit dem in der Literatur beschriebenen (Stack *et al.*, 1986).

ATX III: UV-Absorption (Methanol): 214 (Maximum), 270, 350 nm. Minima bei 252 und 325 nm. Das UV-Spektrum ist identisch mit dem in der Literatur beschriebenen (Stack *et al.*, 1986). MS: *m/z* 347 (41), 329 (13), 319 (54), 277 (100). MS² von *m/z* 347: 329 (6), 319 (100), 277 (48). Retentionszeit der LC-DAD-MS-Analyse: 17,7 min.

STTX III: UV-Absorption (Methanol): 203, 274 (Maximum), 287 (sh), 374 nm. Minima bei 249 und 328 nm. Das UV-Spektrum ist identisch mit dem in der Literatur beschriebenen (Stack und Mazzola, 1989). MS: *m/z* 347 (17), 329 (100), 301 (8). MS² von *m/z* 347: *m/z* 329 (100), 301 (10). Retentionszeit der LC-DAD-MS-Analyse: 15,8 min. ¹H NMR-Spektrum (500 MHz, acetone-d₆, Nummerierung gemäß Abb. 8): *d* = 3.76 (d, *J* = 3.5 Hz, 1 H, 8-H), 3.99 (bs, 1 H, 6b-H), 4.60 (d, *J* = 4.0 Hz, 1 H, 7-H), 5.11 (s, 1 H, 6a-OH), 6.54 (d, *J* = 10.0 Hz, 1 H, 5-H), 7.01 (d, *J* = 9.0 Hz, 1 H, 11-H), 7.08 (d, *J* =8.5 Hz, 1 H, 2-H), 7.85 (d, *J* = 10.5 Hz, 1 H, 6-H), 8.13 (d, *J* = 9.0 Hz, 1 H, 1-H oder 12-H), 8.14 (d, *J* = 8.5 Hz, 1 H, 12-H oder 1-H), 12.17 (s, 1 H, 3-OH), 12.39 (s, 1 H, 10-OH); ¹³C NMR-Spektrum (125 MHz, acetone-d₆, Nummerierung gemäß Abb. 8): *d* = 43.4 (C-6b), 53.6 (C-8), 57.3 (C-7), 66.8 (C-6a), 113.8 (C-3a oder C-9a), 115.3 (C-9a oder C-3a), 117.4 (C-2 oder C-11), 118.9 (C-11 oder C-2), 125.1 (C-12a oder C-12b), 125.9 (C-12b oder C-12a), 129.4 (C-5), 132.8 (C-1 oder C-12), 133.8 (C-12 oder C-1), 136.6 (C-12c), 140.7 (C-9b), 147.9 (C-6), 161.9 (C-3 oder C-10), 163.7 (C-10 oder C-3), 191.1 (C-4), 198.5 (C-9). Das ¹H NMR-und das ¹³C-NMR-Spektrum sind identisch mit dem in der Literatur beschriebenen (Stack und Mazzola, 1989).

ALTCH: UV-Absorption (Methanol): 204, 256 (Maximum), 288 (sh), 300 (sh), 360 nm. Minima bei 233, 278 und 329 nm. Das UV-Spektrum ist identisch mit dem in der Literatur beschriebenen (Okuno *et al.*, 1983). MS: *m/z* 349 (100), 331 (78), 313 (16), 303 (28), 261 (24). MS^2 von *m/z* 349: *m/z* 331 (100), 313 (2), 303 (32), 261 (5). Retentionszeit der LC-DAD-MS-Analyse: 12,7 min.

Dibenzo-α-pyrone

AOH: UV-Absorption (Methanol): 220, 256 (Maximum), 289, 300, 337 nm. Minima bei 230, 275 und 310 nm. MS: *m/z* 257 (100). MS^2 von *m/z* 257: *m/z* 213 (80). Retentionszeit der LC-DAD-MS-Analyse: 13,9 min. Zur Authentifizierung wurde eine Referenzsubstanz verwendet.

AME: UV-Absorption (Methanol): 220, 257 (Maximum), 289, 300, 337 nm. Minima bei 230, 275 und 310 nm. MS: *m/z* 271 (100). MS^2 von *m/z* 271: *m/z* 256 (100). Retentionszeit der LC-DAD-MS-Analyse: 18,2 min. Zur Authentifizierung wurde eine Referenzsubstanz verwendet.

4-HO-AME: UV-Absorption (Acetonitril): 242, 360 (Maximum), 268 (sh), 338 nm. Minimum bei 315 nm. MS: *m/z* 287 (100). MS^2 von *m/z* 287: m/z 272 (100), 243 (6), 228 (6). Retentionszeit der LC-DAD-MS-Analyse: 15,2 min. Zur Authentifizierung wurde eine Referenzsubstanz verwendet.

ALT: UV-Absorption (Acetonitril): 243 (Maximum), 283, 317 nm. Minima bei 260 und 302 nm. MS: *m/z* 291 (100). MS^2 von *m/z* 291: *m/z* 276 (80), 273 (30), 248 (40), 229 (35), 214 (25), 196 (10). Retentionszeit der LC-DAD-MS-Analyse: 11,1 min. Zur Authentifizierung wurde eine Referenzsubstanz verwendet.

„Dehydroaltenusin": UV-Absorption (Acetonitril): 243 (Maximum), 284, 317 nm. Minima bei 260 und 300 nm. MS: m/z 287 (100). MS^2 von m/z 287: m/z 243 (100). Retentionszeit der LC-DAD-MS-Analyse: 12,8 min.

Altenusin: UV-Absorption (Acetonitril): 217 (Maximum), 257, 295 nm. Minima bei 240 und 273 nm. Das UV-Spektrum ist identisch mit dem in der Literatur beschriebenen (Coombe *et al.*, 1970). MS: m/z 289 (100). MS^2 von m/z 289: 271 (30), 245 (100). Retentionszeit der LC-DAD-MS-Analyse: 14,4 min. Methylierung durch COMT, MS: m/z 303 (100). MS^2 von m/z 303: m/z 288 (12), 257 (100), 244 (10). Retentionszeit der LC-DAD-MS-Analyse (Me-Altenusin): 16,6 min. Das isolierte Altenusin hat die gleichen UV- und MS-Eigenschaften wie ein authentischer Standard.

„Altertenuol": UV-Absorption (Acetonitril): 256 (Maximum), 275 (sh), 298 (sh), 339 nm. Minimum bei 310 nm. MS: m/z 273 (100). MS^2 von m/z 273: m/z 258 (100). Retentionszeit der LC-DAD-MS-Analyse: 14,5 min. Methylierung durch COMT, MS: m/z 287. MS^2 von m/z 287 (100): m/z 272 (100). Retentionszeit der LC-DAD-MS-Analyse (Me-Altertenuol): 17,1 min.

<u>Weitere</u>

TeA: UV-Absorption (Acetonitril): 254 (Maximum). MS: m/z 196 (100). MS^2 von m/z 196: 178 (17), 154 (8), 139 (100), 136 (16). Retentionszeit der LC-DAD-MS-Analyse: 13,5 min. Zur Authentifizierung wurde eine Referenzsubstanz verwendet.

3.B.3 Allgemeine Methoden der Zellkultur

Die Arbeiten in der Zellkultur erfolgen steril und unter einer Laminar-Flow Sterilbank. Alle Zellen werden in einem Brutschrank bei 37°C, 5% CO_2 und 95% Luftfeuchtigkeit kultiviert und alle verwendeten Lösungen vor der Verwendung im Wasserbad auf 37°C temperiert.

<u>Verwendete Puffer und Lösungen</u>

DMEM (D6429, Sigma-Aldrich, Taufkirchen)

>mit 4,5 g/l Glucose, L-Glutamin, Natriumpyruvat und 3,7 g/l Natriumhydrogencarbonat, Fertigmedium

DMEM/F12 (D8900, Sigma-Aldrich, Taufkirchen)

>mit L-Glutamin und 15 mM Hepes,
>
>Pulvermedium zusammen mit 1,2 g/l Natriumhydrogencarbonat lösen und pH auf 6,8-6,9 einstellen, auf 1 l auffüllen und durch einen 0,2 µm-Filter sterilfiltrieren.

Phosphatgepufferte Salzlösung (PBS) pH 7,4

0,1 M	NaCl
7 mM	Na_2HPO_4
4,5 mM	KCl
3 mM	KH_2PO_4

Trypsin-Lösung

>200 mg/l   EDTA in PBS
>
>20 ml 10x Trypsin-Lösung sterilfiltrieren und mit 180 ml sterilem PBS-EDTA versetzen.

Accutase®-Lösung

Einfriermedium

>entsprechendes Zellkulturmedium, 20% FKS, 10% DMSO

<u>Verwendete permanente Zelllinien</u>

Caco-2	humane Kolonkarzinomzellen (DSMZ, Braunschweig, ACC-169) Kultivierung in DMEM/F12 mit 10% FKS Verdopplungszeit ca. 24 h
V79	Lungenfibroblasten des männlichen Chinesischen Hamsters (DSMZ, ACC-335) Kultivierung in DMEM mit 10% FKS Verdopplungszeit ca. 12 h
MCF-7	humane Adenokarzinomzellen aus Brustgewebe (DSMZ, ACC-115) Kultivierung in DMEM mit 5% FKS Verdopplungszeit ca. 50 h
HepG2	humane hepatozelluläre Karzinomzellen (DSMZ, ACC-180) Kultivierung in DMEM/F12 mit 10% FKS Verdopplungszeit ca. 48 h
HCT-116	humane Kolonkarzinomzellen (DSMZ, ACC-581) Kultivierung in DMEM mit 10% FKS Verdopplungszeit ca. 24 h

Passagieren der Zellen

Um ein Wachstum der Zellen über einen längeren Zeitraum zu ermöglichen, werden diese regelmäßig, je nach Verdopplungszeit mit frischem Medium in einer geeigneten Verdünnung in eine neue Zellkulturschale (ZKS) überführt. Das Passagieren sollte dabei möglichst vor Erreichen der Konfluenz erfolgen. Nach der lichtmikroskopischen Betrachtung der Zellen wird das alte Medium abgesaugt und mit PBS gewaschen. Der Zellrasen wird mir 1%-iger Trypsin-Lösung bzw. Accutase®-Lösung (Caco-2, HepG2) versetzt, welche gleichmäßig verteilt und der Überstand abgesaugt wird. Die Zellkulturschale wird für 3-6 min bei 37°C im Brutschrank belassen. Die abgelösten Zellen werden in einer entsprechenden Menge frischem Medium aufgenommen und suspendiert. Die Zellzahl wird mikroskopisch mit Hilfe einer Neubauer-Zählkammer (Neubauer Improved, 0,100 mm Tiefe, 0,0025 mm², Kammerfaktor 10^4) oder elektronisch mit dem CASY® Cell Counter durch Stromausschlussmessung bestimmt. Geeignete Aliquote der Zellsuspension werden in einer neuen ZKS ausgestreut. Um optimale Bedingungen für das Wachstum und die Vitalität der Zellen zu erhalten wird regelmäßig ein Mediumwechsel durchgeführt.

Kryokonservierung und Auftauen von Zellen

Zum Kryokonservieren der Zellen wird eine entsprechende Menge der Zellsuspension bei 4°C und 300 g für 5 min abzentrifugiert. Das Zellpellet wird mit Einfriermedium aufgenommen und zu je 2×10^6 Zellen in 1,5 ml pro Kryoröhrchen eingefroren. Die Aliquote werden für jeweils 24 h bei -20°C und anschließend im Biofreezer bei -80°C gelagert. Die Langzeitlagerung erfolgt in flüssigem Stickstoff.

Um neue Zellen in Kultur zu nehmen, wird die eingefrorene Zellsuspension im Wasserbad bei 37°C aufgetaut und in 10 ml Medium überführt. Bei Raumtemperatur werden die Zellen für 5 min bei 300 g abzentrifugiert. Der Überstand wird abgesaugt und das Zellpellet in 10 ml frischem Medium resuspendiert. Die Zellsuspension wird in eine 100 mm-ZKS überführt und im Brutschrank kultiviert. Nach 24 h erfolgt ein Mediumwechsel und je nach Wachstumsgeschwindigkeit werden die Zellen nach weiteren 2-3 Tagen passagiert.

3.B.4 Bestimmung der Zellviabilität mittels MTT-Test

Lebende Zellen sind in der Lage den gelben MTT-Farbstoff Thiazolylblau-Tetrazoliumbromid (3-(4,5-Dimethyl-2-thiazolyl)-2,5-diphenyl-2H-tetrazoliumbromid) intrazellulär durch Reduktasen zu einem blauen Thiazolylblau Formazan zu reduzieren, welches dann photometrisch bestimmt wird.

Verwendete Puffer und Lösungen

MTT-Stammlösung (3,5 mg/ml, sterilfiltrieren und aliquotiert bei -20°C lagern)

MTT-Gebrauchslösung (MTT-Stammlösung 1:5 in Kulturmedium verdünnen)

MTT-Extraktionslösung (95% Isopropanol, 5% Ameisensäure)

Durchführung

In einer 96-Well-Platte werden pro Well 2×10^4 V79-Zellen ausgestreut und 24 h zum Anwachsen im Brutschrank belassen. Die Inkubation erfolgt für 1,5 h in serumfreien Medium und einer Endkonzentration von 1% EtOH. Nach Ablauf der Inkubationszeit wird der Zellrasen mit PBS gewaschen und 200 µl/Well der MTT-Gebrauchslösung zugegeben. Es erfolgt eine weitere Inkubation für 3 h. Anschließend wird das Medium abgesaugt und die Zellen erneut mit PBS gewaschen. Die Extraktion des Farbstoffs erfolgt durch Zugabe von 200 µl/Well der MTT-Extraktionslösung und rütteln für 15 min. Die Intensität des Formazans wird photometrisch bei 570 nm in einem Plattenlesegerät (GENios, Tecan, Crailsheim) bestimmt. Die Platte wird vor der Messung für 300 s geschüttelt. Für die Auswertung werden die Extinktionen der Substanzinkubation auf die Kontrolle normiert.

3.B.5 Bestimmung von DNA-Strangbrüchen mittels Alkalischer Entwindung

Die Alkalische Entwindung („alkaline unwinding", AU) ist ein *in vitro*-Testsystem zum Nachweis von DNA-Strangbrüchen. Um eine zusätzliche Schädigung der Zellen durch direkten Lichteinfall zu vermeiden, findet die Alkalische Entwindung in einem abgedunkelten Raum statt.

<u>Verwendete Puffer und Lösungen</u>
Alkalische Lösung pH 12,3

    0,03 M   NaOH

    0,01 M Na_2HPO_4

    0,9 M   NaCl

0,1 M HCl

10% Natriumdodecylsulfat (SDS)

0,5 M KH_2PO_4

0,5 M K_2HPO_4

0,5 M NaH_2PO_4

0,5 M Na_2HPO_4

0,5 M Kaliumphosphat-Puffer (KPP), pH 6,9

    0,255 M KH_2PO_4

    0,245 M K_2HPO_4

0,35 M Kaliumphosphat-Puffer, pH 6,9

    0,1785 M KH_2PO_4

    0,1715 M K_2HPO_4

0,15 M Kaliumphosphat-Puffer, pH 6,9

    0,0765 M KH_2PO_4

    0,0735 M K_2HPO_4

0,01 M Natriumphosphat-Puffer (NaPP), pH 6,9

    0,0049 M NaH_2PO_4

    0,0051 M Na_2HPO_4

Hoechst 33258-Lösung

    10 mM Stammlösung (6,24 mg/ml in H_2O)

    0,3 mM aliquotieren, bei -20°C lagern

Ausstreuen, Inkubation und Alkalische Entwindung

In einer Zellkulturschale mit 40 mm Durchmesser werden $1,5 \times 10^5$ V79-, Caco-2- oder HepG2-Zellen in 2 ml Kulturmedium ausgestreut. Pro Konzentration werden Dreifachbestimmungen durchgeführt. Nach einer Anwachszeit von 24 h (V79, Caco-2) bzw. 48 h (HepG2) erfolgt die Inkubation für 1,5 h in 2 ml serumfreiem Medium und 1% DMSO bzw. EtOH. Die Zellzahl sollte zum Zeitpunkt der Entwindung zwischen 2 und 5×10^5 liegen. Nach Ablauf der Inkubationszeit wird das Medium abgesaugt, der Zellrasen mit 2 ml eiskaltem PBS versetzt und sofort auf Eis gestellt. In einer einminütigen Staffelung wird das PBS von der ZKS abgesaugt und 1,5 ml Alkalische Lösung zugegeben. Die Alkalische Entwindung der DNA erfolgt für 30 min in absoluter Dunkelheit. Anschließend wird die Probe mit einer definierten, in einem Vorversuch bestimmten Menge an 0,1 M HCl auf einen pH-Wert von 6,8 neutralisiert. Die Probelösung wird von der ZKS in ein Glasröhrchen überführt und mit einer Ultraschallspitze 15 sec auf Eis sonifiziert. Durch Zugabe von 12,4 µl 10%-iger SDS-Lösung wird die Renaturierung der Einzelstränge verhindert. Die Proben werden bei -20°C gelagert.

Hydroxylapatit-Chromatographie

Die Proben und alle verwendeten Lösungen werden in einem Wasserbad auf 60°C temperiert. Als Chromatographiesäulen dienen 2 ml

Einwegspritzen (Injekt®, B. Braun, Melsungen), die in einer Vorrichtung ebenfalls auf 60°C temperiert werden. Für 30 Proben werden 3,4 g Hydroxylapatit in 34 ml 0,01 M NaPP für 30 min bei 60°C quellen gelassen. Pro Säule werden je 1 ml der gequollenen Hydroxylapatit-Suspension gefüllt, als Abschluss dienen zwei Glasfaserfilter (1 cm, Whatman™, GE Healthcare, Maidstone, UK). Die präparierten Säulen werden mit 1,5 ml 0,5 M KPP konditioniert und mit 1,5 ml 0,01 M NaPP gewaschen. Ein zweiter Waschschritt (2,5 ml) erfolgt nach der Aufgabe der Proben. Mit 1,5 ml 0,15 M KPP werden die einzelsträngigen DNA-Fragmente in eine 24-Well-Platte und mit 1,5 ml 0,35 M KPP die doppelsträngige DNA in eine weitere 24-Well-Platte eluiert. Anschließend erfolgt die Zugabe von 3,85 µl einer 0,3 mM Hoechst 33258-Lösung (Endkonzentration 0,77 µM). Die Fluoreszenz wird am Mikrotiterplattenlesegerät mit einer Exzitationswellenlänge von 360 nm und einer Emissionswellenlänge von 465 nm nach 20 min gemessen.

Berechnung der induzierten DNA-Strangbrüche

Durch die getrennte Bestimmung der doppelsträngigen (ds DNA) und einzelsträngigen DNA (ss DNA) kann der Gehalt der durch eine Substanzbehandlung ausgelösten Strangbrüche berechnet werden, da der verbleibende Anteil an doppelsträngiger DNA umgekehrt proportional zur Anzahl an DNA-Strangbrüchen ist. Ein Korrekturfaktor von 2,1 berücksichtigt, dass der verwendete Fluoreszenzfarbstoff Hoechst 33258 stärker an doppelsträngige DNA bindet.

$$ds\,DNA\,[\%] = \frac{rel.\,Fluoreszenz\,(ds\,DNA)}{rel.\,Fluoreszenz\,(ds\,DNA) + 2{,}1 \times rel.\,Fluoreszenz\,(ss\,DNA)} \times 100$$

Die Berechnung der Strangbrüche pro Zelle erfolgt auf der Basis einer exponentiellen Abnahme der ds DNA und unter Einberechnung eines zweiten Korrekturfaktors von 10000, welcher experimentell durch eine Kalibrierung mit Röntgenstrahlung ermittelt wurde (Hartwig *et al.*, 1996).

$$\frac{DNA - Strangbrüche}{10^6 Basenpaare} = -\ln\left(\frac{ds\,DNA\,(Behandlung)}{ds\,DNA\,(Kontrolle)}\right) \times 10000 \div 6000$$

3.B.6 Interaktion mit DNA: Ethidiumbromid- und Hoechst 33528-Verdrängungsassay

Substanzen, die in doppelsträngige DNA interkalieren oder an die kleine Furche binden, können die genomische Stabilität beeinflussen. Ethidiumbromid ist in der Lage in die DNA zu interkalieren, während Hoechst 33528 eine hohe Affinität zur kleinen Furche der DNA besitzt, wodurch es zu einer starken Fluoreszenzzunahme kommt. Durch Zusatz einer Substanz, die in der Lage ist den jeweiligen Farbstoff kompetitiv zu verdrängen, kann daher eine Fluoreszenzabnahme gemessen werden. Die Messung der Fluoreszenzintensität erfolgt in einer 96-Well-Platte mit Hilfe eines Mikrotiterplatten-Photometers.

<u>Verwendete Puffer und Lösungen</u>
Pufferlösung (pH 7,0)

9,3 mM	NaCl
2 mM	Na-Acetat
0,1 mM	EDTA

1 mM Ethidiumbromid-Lösung in H_2O (Ex 544 nm, Em 590 nm)
1 mM Hoechst 33528-Lösung in H_2O (Ex 360 nm, Em 465 nm)
2 mg/ml Kalbsthymus-DNA-Lösung in Pufferlösung

<u>Durchführung</u>

Die Durchführung erfolgt in einem abgedunkelten Raum. Die Endkonzentration an Lösemittel beträgt 5%. Die Befüllung der Mikrotiterplatte erfolgt in Duplikaten, wobei pro Well 200 µl Lösung nach folgendem Schema angesetzt werden:

Kontrollwert:	100 µl Farbstofflösung (2 µM) mit 2 mg/ml DNA
	100 µl Pufferlösung (10% Lösungsmittel)
Nullwert:	100 µl Farbstofflösung (2 µM)
	100 µl Pufferlösung (10% Lösungsmittel)
Messwert:	100 µl Farbstofflösung (2 µM) mit 2 mg/ml DNA
	100 µl Testsubstanz in Pufferlösung (10% Lösungsmittel)
Eigenfluoreszenz:	100 µl Farbstofflösung (2 µM)
	100 µl Testsubstanz in Pufferlösung (10% Lösungsmittel)

Der Kontrollwert ergibt abzüglich des Nullwertes die maximal messbare Fluoreszenz und wird auf 100% gesetzt, worauf die Fluoreszenzintensitäten der Messwerte abzüglich der Eigenfluoreszenz bezogen werden.

$$\frac{(Messwert - Eigenfluoreszenz)}{(Kontrollwert - Nullwert)} \times 100 = relative\ Fluoreszenzintensität$$

3.B.7 Interaktion mit humanen Topoisomerasen I und IIα

3.B.7.1 Gewinnung von Kernextrakt aus MCF-7-Zellen

Zur Untersuchung der Interaktion mit humaner Topoisomerase I wird das benötigte Enzym aus einem Kernextrakt aus MCF-7-Zellen gewonnen.

<u>Verwendete Puffer und Lösungen</u>

Lysepuffer

0,3 M	Saccharose
0,5 mM	EGTA
60 mM	KCl
15 mM	NaCl
15 mM	HEPES
0,15 mM	Spermin
0,05 mM	Spermidin

Extraktionspuffer

100 mM	NaCl
5 mM	KH_2PO_4, pH 7,4
1 µl/ml	β-Mercaptoethanol (*)
5 µl/ml	200 mM Phenylmethylsulfonylfluorid (PMSF) in

DMSO (*)

(*) erst kurz vor Gebrauch zugeben

Triton X-100

Trypanblau-Lösung, 0,4%

5 M NaCl

Glycerol

<u>Durchführung</u>

Sämtliche Schritte der Isolierung werden auf Eis durchgeführt. Etwa 10×10^6 MCF-7-Zellen werden bei 200 g für 10 min bei 4°C abzentrifugiert und mit 10 ml PBS zwei Mal gewaschen. Durch Zugabe von 7,5 ml kaltem Lysepuffer und 500 µl Lysepuffer, welchem zuvor 37 µl Triton X-100 zugesetzt wurde, wird das Zellpellet für 15 min auf Eis lysiert. Anschließend erfolgt eine Zentrifugation bei 4°C und 300 g für 5 min. Nach Entfernen des Überstandes wird das Pellet in 500 µl Lysepuffer aufgenommen. Das Auszählen der erhaltenen Zellkerne erfolgt durch Verdünnen von 10 µl der Kernsuspension mit 90 µl Trypanblau-Lösung mit Hilfe einer Neubauer-Zählkammer. Nach erneuter Zentrifugation der Kernsuspension wird das Pellet auf eine Konzentration von 3×10^7 Kerne/ml durch Zugabe einer entsprechenden Menge Extraktionspuffer eingestellt. Zur Präzipitation der DNA wird tropfenweise 10 Vol% 5 M NaCl zugegeben und für 20 min auf Eis gestellt. Der Kernrohextrakt wird für 10 min bei 3220 g und 4°C zentrifugiert und der Überstand vorsichtig in ein neues Reaktionsgefäß überführt und mit dem 1,5-fachen Volumen an Glycerol vermischt. Die aliquotierten Kernextrakte werden bei -20°C gelagert, sind jedoch instabil gegenüber mehreren Gefrier-Auftau-Zyklen.

3.B.7.2 Katalytische Aktivität der Topoisomerase I - Relaxationsassay

Die Topo I ist in der Lage durch das Einführen eines transienten Einzelstrangbruchs superspiralisierte Plasmid-DNA in die relaxierte Form zu überführen. Die beiden Plasmidformen können gelelektrophoretisch aufgetrennt werden und anhand einer Veränderung des Verhältnisses der Bandenintensitäten eine Aussage über eine Hemmwirkung einer Substanz getroffen werden. Durch den Ausschluss von ATP aus dem Assay wird gewährleistet, dass nur die Aktivität der Topo I betrachtet wird, da Topo II nur unter ATP-Aufwand die Relaxation katalysieren kann.

<u>Verwendete Puffer und Lösungen</u>

Saltmix I

      100 mM $MgCl_2$

        5 mM DTT

        5 mM EDTA

    0,3 mg/ml BSA

100 mM Tris/HCl, pH 7,9

1 M KCl

1 µg/µl superspiralisierte pBR322 Plasmid-DNA aus *E. coli* (Inspiralis, Norwich, UK)

    verdünnt auf 62,5 ng/µl

MCF-7-Kernextrakt: In einem Vorversuch muss die Menge an Kernextrakt ermittelt werden, die gerade ausreicht um 250 ng superspiralisierte Plasmid-DNA in 30 min bei 37°C zu relaxieren (Abb. 37).

10% SDS-Lösung

10 mg/ml Proteinase K (bei 4°C drei Wochen lagerfähig)

50x TAE-Puffer

    242 g   Tris Base

    57,1 ml   Eisessig

    100 ml   0,5 M EDTA, pH 8,0

    Auf 1 l mit dest. H_2O auffüllen und vor Gebrauch auf 1x verdünnen.

6x Ladepuffer

    0,25%   Bromphenolblau

    30%   Glycerol

0,5% Ethidiumbromid-Lösung (Tropfflasche, Roth, Karlsruhe)

Durchführung

Die Inkubationsansätze wurden anhand des folgenden Pipettier-schemas angesetzt (Tab. 17).

Tab. 17: Pipettierschema für die Durchführung des Topoisomerase I-Relaxationsassays (Angaben in µl). [a]Die Inkubation von Kernextrakt und Lösemittel dient der Funktionskontrolle des Enzyms.

Lösung	Leerprobe	Probe
H_2O	16	13
Saltmix I	3	3
Tris/HCl	3	3
KCl	3	3
pBR322 (62,5 ng/µl)	4	4
Substanz/Lösemittel (3,3%)	1	1[a]
MCF-7-Kernextrakt	-	3
Σ	30	30
Inkubation für 30 min bei 37°C		
10% SDS	3	3
10 mg/ml Proteinase K	3	3
Inkubation für 30 min bei 37°C		
6x Ladepuffer	6	6

Für die Agarosegelelektrophorese wird ein 1%iges Gel (7 x 8 cm, 10 Taschen) hergestellt. Dazu werden 0,3 g Agarose in 30 ml 1x TAE-Puffer für 3-4 min bei 900 W in der Mikrowelle erhitzt, kurz abgekühlt und in die Kammer gegossen. Nach 20-30 min ist das Gel erstarrt und der Kamm kann gezogen werden. Jeweils 10 µl der Pro-ben wird in die Taschen gefüllt und die Kammer mit 400 ml 1x TAE befüllt. Die Elektrophorese erfolgt für 2 h bei 60 V.

Die Detektion erfolgt durch Färben im Ethidiumbromid-Bad (10 µg/ml, entspricht 5 Tropfen einer gebrauchsfertigen 0,5%-igen Lösung in der Tropfflasche) für 20 min. Das Gel wird anschließend für 5 min in dest. H_2O gewaschen und die Fluoreszenzintensität mittels LAS-3000 (Raytest, Straubenhardt) dokumentiert (312 nm, Belichtung 1/8 s).

+	+	+	+	+		Plasmid-DNA (pBR 322), 250 ng
	1:5	1:8	1:10	1:10		Kernextrakt (MCF-7)
	+	+	+	+		DMSO (3,3%)
					+	1 kb DNA-Leiter

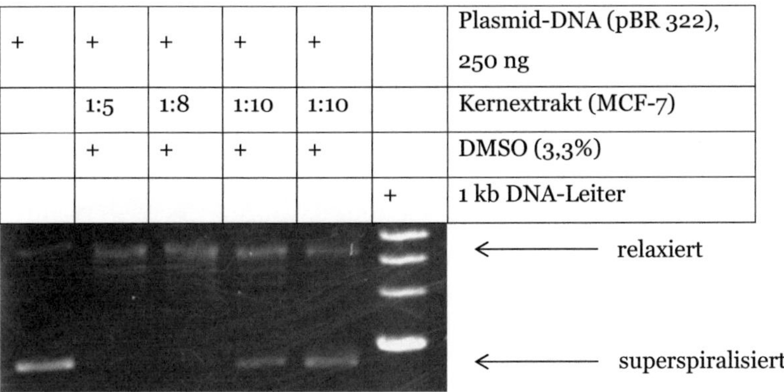

Abb. 37: Aktivitätsbestimmung der hTopo I mittels Relaxationsassay für verschiedene Verdünnungen des MCF-7-Kernextrakts. Nach Abstoppen der Inkubation und Proteolyse werden die Plasmide im Agarosegel elektrophoretisch aufgetrennt.

3.B.7.3 Katalytische Aktivität der Topoisomerase II - Dekatenierungsassay

Mit Hilfe des Dekatenierungsassays kann unter ATP-Aufwand spezifisch die Aktivität der Topo II untersucht werden. Als Substrat wird Kinetoplasten-DNA (k-DNA) verwendet, da nur Topo II in der Lage ist durch Einführen transienter Doppelstrangbrüche das komplexe Netzwerk aus ineinander verknoteter DNA-Zirkel zu entknoten bzw. dekatenieren. Bei der Agarosegelelektrophorese ist die hochmolekulare k-DNA, im Gegensatz zu den von aktiver Topo II gebildeten Ketten und Minizirkel, nicht in der Lage in das Gel zu migrieren und verbleibt deshalb in den Geltaschen. Über den Anteil an freigesetzter, mobiler DNA kann die Hemmwirkung von Substanzen auf die Aktivität der Topo II bestimmt werden.

<u>Verwendete Puffer und Lösungen</u>

Es wurde der „Human Topo II Decatenation Assay Kit" der Firma Inspiralis (Norwich, UK) verwendet.

Dilution Buffer

50 mM	Tris/HCl, pH 7,5
100 mM	NaCl
1 mM	DTT
50%	Glycerol
50 µg/ml	Albumin

10x Assay Buffer

50 mM	Tris/HCl, pH 7,5
125 mM	NaCl
10 mM	$MgCl_2$
5 mM	DTT
100 µg/ml	Albumin

30x ATP-Lösung (30 mM)

10 U/µl hTopoIIα (verdünnt auf 0,2 U/µl): In einem Vorversuch muss die Menge an hTopoIIα ermittelt werden, die gerade ausreicht um 100 ng kDNA in 30 min bei 37°C zu entknoten (Abb. 38).

100 ng/µl kDNA

2x Stop dye

40%	Saccharose
1 mM	EDTA

100 mM   Tris/HCl

0,5 mg/ml Bromphenolblau

50x TAE-Puffer

0,5% Ethidiumbromid-Lösung (Tropfflasche, Roth, Karlsruhe)

<u>Durchführung</u>

Die Inkubationsansätze wurden anhand des folgenden Pipettier-schemas angesetzt (Tab. 18).

Jeweils 20 µl der Proben werden in die Taschen gefüllt und die Kammer mit 400 ml 1x TAE befüllt. Die Elektrophorese erfolgt für 2 h bei 60 V. Die Herstellung des Agarose-Gels und die Detektion sind in Kap. 3.B.7.2 beschrieben.

Tab. 18: Pipettierschema für die Durchführung des Topoisomerase II-Dekatenierungsassay (Angaben in µl). [a]Die Inkubation von hTopo IIα und Lösemittel dient der Funktionskontrolle des Enzyms.

Lösung	Leerprobe	Probe
H₂O	23	17
10x Assay Buffer	3	3
30x ATP	1	1
kDNA (100 ng/µl)	2	2
Substanz/Lösemittel (3,3%)	1	1[a]
hTopo IIα (0,2 U/µl)	-	6
Σ	30	30
Inkubation für 30 min bei 37°C		
Chloroform/Isoamylalkohol (24:1)	30	30
2x Stop dye	30	30

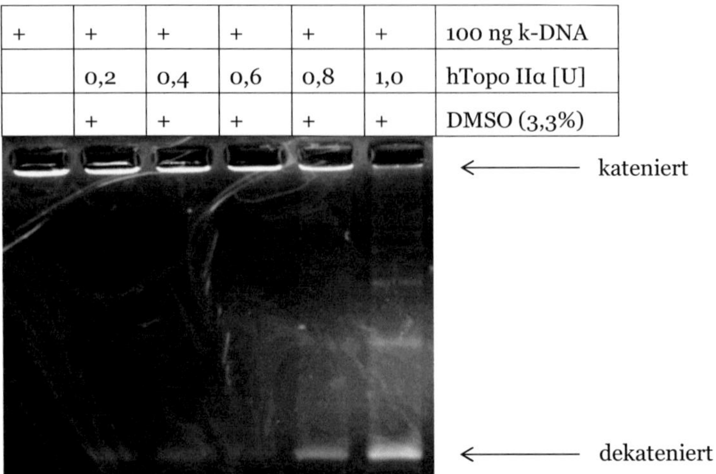

Abb. 38: Aktivitätsbestimmung der hTopo IIα mittels Dekatenierungsassay für verschiedene eingesetzte Enzymaktivitäten der hTopoIIα. Nach Abstoppen der Inkubation und Proteolyse werden die katenierte und dekatenierte DNA im Agarosegel elektrophoretisch aufgetrennt.

3.B.7.4 Stabilisierung des Enzym-DNA-Komplexes - Cleavage II-Assay

Zur Unterscheidung ob eine Substanz als Topo II-Gift oder als katalytischer Inhibitor wirkt, wird der Cleavage II-Assay durchgeführt. Dabei wird der stabilisierte, kovalent gebundene Komplex aus Enzym und Plasmid-DNA durch Proteinase K verdaut. Das Plasmid enthält nun einen Einzelstrangbruch und liegt als offenkettige Form vor, welche durch eine Ethidiumbromid-haltige Agarosegelelektrophorese von der superspiralisierten und relaxierten Form getrennt werden kann. Die Bindung von einem Molekül Ethidiumbromid ergibt eine Aufwindung der DNA-Helix von 26°. Durch die Steigerung der Windung kommt es zur Reduktion der negativen Superspiralisierung und somit zur Reduktion der Mobilität. Die negative Superspiralisierung wird bei einer bestimmten Konzentration aufgehoben, sodass relaxierte und superspiralisierte DNA comigrieren. Die Migration der offenkettigen Plasmide wird durch Ethidiumbromid nicht beeinflusst, findet jedoch langsamer statt.

<u>Verwendete Puffer und Lösungen</u>

Es wurde der „Human Topo II Relaxation Assay Kit" der Firma Inspiralis (Norwich, UK) verwendet.

Dilution Buffer

10x Assay Buffer

30x ATP-Lösung (30 mM)

10 U/µl hTopoIIα

1 µg/µl superspiralisierte pBR322 Plasmid-DNA aus *E. coli,* verdünnt auf 62,5 ng/µl

10% SDS-Lösung

10 mg/ml Proteinase K (bei 4°C drei Wochen lagerbar)

50x TAE-Puffer

6x Ladepuffer

0,025% Ethidiumbromid-Lösung (Tropfflasche, Roth, Karlsruhe)

<u>Durchführung</u>

Die Inkubationsansätze wurden anhand des folgenden Pipettierschemas angesetzt (Tab. 19).

Für die Agarosegelelektrophorese wird ein 1%iges Gel (7 x 8 cm, 10 Taschen) unter Zugabe von 0,5 µg/ml Ethidiumbromid hergestellt. Dazu werden 0,5 g Agarose in 50 ml 1x TAE-Puffer für 3-4 min bei 900 W in der Mikrowelle erhitzt, kurz abgekühlt, mit 2 Tropfen einer gebrauchsfertigen 0,025%igen Ethidiumbromid-Lösung versetzt und in die Kammer gegossen. Nach 20-30 min ist das Gel erstarrt und der Kamm kann gezogen werden. Jeweils 10 µl der Proben wird in die Taschen gefüllt und die Kammer mit 400 ml 1x TAE befüllt. Die Elektrophorese erfolgt für 2 h bei 60 V. Die Fluoreszenzintensität des Gels kann direkt mittels LAS-3000 dokumentiert werden (312 nm, Belichtung 1/8 s).

Tab. 19: : Pipettierschema für die Durchführung des Topoisomerase II-Cleavageassay (Angaben in µl). [a]Die Inkubation von hTopo IIα und Lösemittel dient der Funktionskontrolle des Enzyms.

Lösung	Leerprobe	Probe
H_2O	23,5	21,5
10x Assay Buffer	3	3
30x ATP	1	1
pBR322 (62,5 ng/µl)	1,5	1,5
Substanz/Lösemittel (3,3%)	1	1[a]
hTopo IIα (10 U/µl)	-	2
Σ	30	30
Inkubation für 15 min bei 37°C		
10% SDS	3	3
10 mg/ml Proteinase K	3	3
Inkubation für 30 min bei 37°C		
6x Ladepuffer	6	6

3.B.8 Bestimmung von DNA-Doppelstrangbrüchen mittels Immunfluoreszenz-Detektion von γH2AX

Die Immunfluoreszenzfärbung von γH2AX gilt als etablierter Marker für die Detektion von DNA-Doppelstrangbrüchen.

<u>Verwendete Puffer und Lösungen</u>

3,7% Formaldehyd in PBS

0,2% Triton X-100 in PBS

1% FKS in PBS

3% BSA in PBS

<u>Primärantikörper</u>

anti-γH2AX (Ser 139), mouse, monoclonal IgG, 1:1000 in PBS mit 3% BSA (Millipore, Billerica, MA, USA)

anti-CENP-F, rabbit, polyclonal IgG, 1:500 in PBS mit 3% BSA (Santa Cruz Biotechnology, Santa Cruz, CA, USA)

<u>Sekundärantikörper</u>

goat-anti-mouse Alexa Fluor® 488, 1:500 in PBS mit 3% BSA (Life Technologies (Invitrogen), Darmstadt)

goat-anti-rabbit Cy3, 1:500 in PBS mit 3% BSA (Jackson Immuno Research, West Grove, PA, USA)

Mounting Medium mit DAPI (Vectashield, Vector Laboratories, Peterborough, UK)

Nagellack, transparent

Ausstreuen, Inkubation und Fixierung der Zellen

In einer ZKS mit 40 mm Durchmesser werden $1{,}0 \times 10^5$ V79-Zellen in 2 ml Kulturmedium auf ein Deckgläschen mit 12 mm Durchmesser ausgestreut. Nach einer Anwachszeit von 24 h erfolgt die Inkubation für 1 h in 2 ml serumfreiem Medium und 1% DMSO bzw. EtOH.

Nach Ablauf der Inkubationszeit wird das Medium abgesaugt und der Zellrasen mit 2 ml eiskaltem PBS versetzt. Die Deckgläschen werden mit einem Skalpell für die folgenden Schritte in eine 6-Well-Platte überführt. Es folgt die Fixierung der Zellen mit je 2 ml einer 3,7%-igen Formaldehyd-Lösung für 10 min. Anschließend werden die Deckgläschen 3 x 5 min mit 2 ml PBS gewaschen. Durch Zugabe von 2 ml 0,2% Triton X-100 werden die Zellen für 5 min auf Eis lysiert und 3 x 5 min mit 2 ml 1% FKS in PBS gewaschen. Eine Lagerung der Zellen ist bei 4°C für 2 bis 3 Tage möglich.

Immunfluoreszenzfärbung

Die Deckgläschen werden für die Immunfluoreszenzfärbung mit einem Skalpell in eine feuchte Kammer (einen Streifen Parafilm, der sich in mit befeuchtetem Filterpapier ausgestatteten 10 cm-ZKS befindet) überführt. Zunächst wird über Nacht bei 4°C mit je 25 µl pro Deckgläschen der primären Antikörper gegen γH2AX und das Centromerprotein F (CENP-F), wodurch Zellen der späten S-Phase und der G2-Phase angefärbt werden, inkubiert. Am nächsten Tag werden die Deckgläschen erneut 3 x 10 min mit 2 ml 3% BSA in PBS gewaschen und anschließend wieder in die feuchte Kammer überführt. Die Inkubation mit den Sekundärantikörpern erfolgt für 1 h bei 37°C. Nachdem die Deckgläschen für 3 x 10 min in 2 ml PBS gewaschen wurden, werden diese mit einem Tropfen Mounting-Medium mit DAPI auf Objektträgern eingedeckt und mit Nagellack versiegelt. Die Auswertung erfolgt mit Hilfe eines Fluoreszenzmikroskops (Axio Imager.Z2, Carl Zeiss Microscopy, Jena). Pro Behandlung wurden 40 Zellen in der G1-Phase ausgezählt und die erhaltenen Werte gemittelt.

3.B.9 HPRT-Genmutationtstest in V79-Zellen

Mit Hilfe des Enzyms Hypoxanthin-Guanin-Phosphoribosyl-transferase (HPRT) kann die Purinbase Guanin wieder zum Nukleotid aufgebaut werden (Purin-Salvage-Pathway). Dadurch wird gegenüber der *de novo*-Synthese Energie eingespart und die Bildung von Harnsäure reduziert. Der Verlust der HPRT-Aktivität durch Mutation in dessen Gen führt zu einer Resistenz gegenüber des toxischen Basenanalogons 6-Thioguanin, da nur noch eine *de novo*-Synthese des Guanins stattfindet. Über die Koloniebildungsfähigkeit in 6-Thioguanin-haltigem Selektionsmedium können Zellen mit mutierter HPRT und somit die mutagene Wirkung einer Substanz mikroskopisch quantifiziert werden. Bei den zu detektierenden Mutationen im hprt-Gen handelt es sich meist um Insertionen, kleineren Deletionen oder Punktmutationen. V79-Zellen eigenen sich durch ihre rasche Verdopplungszeit, ihrem stabilen Karyotyp sowie der funktionellen Hemizygotie des HPRT-Gens auf dem X-Chromosom besonders für diesen Mutagenitätstest.

HPRT-Protokoll

<u>Verwendete Puffer und Lösungen</u>
HAT-Selektionsmedium (DMEM, 10% FKS)

      2 mM   Hypoxanthin

    0,08 mM   Aminopterin, in 1 N NaOH

    0,32 mM   Thymidin

20 mg/ml 6-Thioguanin in 1 N NaOH

Selektionsmedium (DMEM, 5% FKS)

    7 µg/ml 6-Thioguanin (20 mg/ml Stammlösung in 1 N NaOH)

0,9% NaCl-Lösung

0,5% Methylenblau in MeOH (w/v)

<u>Durchführung</u>

Um die spontane Mutationsfrequenz der verwendeten V79-Zellen zu senken, wurden zuvor diese in HAT-Selektionsmedium über zwei Passagen kultiviert. Im Anschluss erfolgte die Kultivierung in DMEM mit 10% FKS und die Kryokonservierung (s. 3.B.3). Für jeden einzelnen HPRT-Test wurde die gleiche HAT-selektierte und aliquotierte V79-Zellpopulation frisch aufgetaut und vor Verwendung 2 Mal passagiert. An allen genannten Tagen wird die Zellzahl bestimmt und somit die Wachstumskurve ermittelt.

Tag 1: In einer Zellkulturflasche mit 175 cm² Wachstumsfläche (Greiner bio-one, Frickenhausen) werden 1,5 x 10⁶ V79 Zellen in 20 ml Kulturmedium ausgestreut. Pro Versuch werden zu den verschiedenen Substanzinkubationen zwei Lösemittelkontrollen, eine Positivkontrolle in Form von 0,5 µM 4-Nitrochinolin-*N*-oxid (NQO) und eine Kontrolle für die Zellzahlbestimmung an Tag 2 angesetzt.

Tag 2: Nach einer Anwachsphase von 24 h erfolgt die Substanzinkubation durch Zugabe von 200 µl der Stammlösungen ohne vorherigen Wechsel des Kulturmediums. Zur Kontrolle des Zellwachstums wird die Zellzahl bestimmt.

Tag 3: Nach einer Inkubationsdauer von 24 h erfolgt das Passagieren der einzelnen Zellkulturflaschen, wobei jeweils 1 x 10⁶ Zellen weiterpassagiert werden. Des Weiteren werden 3 Mal 1 x 10⁶ Zellen zur Bestimmung der Zellzyklusverteilung abgenommen und wie unten beschrieben aufgearbeitet. Jeweils 3 Mal 500 Zellen werden zur Bestimmung der Koloniebildungsfähigkeit (PE1) in DMEM mit 5 % FKS in Zellkulturschalen mit 100 mm Durchmesser ausgestreut und nach 7 Tagen Wachstum zunächst mit

0,9%-iger NaCl-Lösung gewaschen, mit 80%-igem EtOH für 15 min fixiert und mit 0,5%-iger, methanolischer Methylenblau-Lösung für 30 min gefärbt. Die Platten werden abschließend mit dest. Wasser gewaschen und die Kolonien gezählt.

Tag 5:   Es werden jeweils 1 x 10^6 Zellen weiterpassagiert.

Tag 8:   Nach zwei Zellpassagen erfolgt an Tag 8 die Selektion. Hierfür werden die Zellen abtrypsiniert und 3,3 x 10^6 Zellen in 100 ml Selektionsmedium suspendiert. Je 30 ml dieser Lösung werden in Zellkulturschalen mit 150 mm Durchmesser ausgestreut, was einer Zellzahl von je 1 x 10^6 Zellen entspricht. Jeweils 3 Mal 500 Zellen werden zur Bestimmung der Koloniebildungsfähigkeit (PE2) in DMEM mit 5 % FKS in Zellkulturschalen mit 100 mm Durchmesser ausgestreut und nach 7 Tagen Wachstum wie oben beschrieben gefärbt.

Auswertung: Die Koloniebildungsfähigkeit errechnet sich als Quotient der Anzahl an ausgezählten Kolonien und der Anzahl an ausgestreuten Zellen, wobei die relative Koloniebildungsfähigkeit auf die Kontrolle normiert ist. Die Mutantenfrequenz ergibt sich aus der Anzahl an 6-Thioguanin-resistenten Kolonien bezogen auf 10^6 koloniebildende Zellen.

Zellzyklusverteilung

Anhand der durchflusszytometrischen Messung des DNA-Gehalts nach Anfärben mit dem Fluoreszenzfarbstoff DAPI wird die Zellzyklusverteilung bestimmt, da Zellen in der G2/M-Phase einen doppelten und Zellen in der G1/G0-Phase nur einen einfachen Chromosomensatz aufweisen. Zellen in der S-Phase siedeln sich zwischen diesen beiden an.

<u>Verwendete Puffer und Lösungen</u>

99,5% EtOH, eiskalt

CyStain® DNA/Protein (Partec, Münster)

Partec Sheath Fluid

Partec Sample Tubes

Partec Cleaning Solution

Partec Decontamination Solution

<u>Durchführung</u>

Die an Tag 3 des HPRT-Tests gewonnenen Zellen werden für 4 min bei 300 g zentrifugiert und 2 Mal mit 2 ml PBS gewaschen. Anschließend wird das Zellpellet durch tropfenweise Zugabe von 2 ml eiskaltem EtOH fixiert und die Lösungen über Nacht bei -20°C aufbewahrt. Vor der Analyse werden die Zellen bei 2800 g für 4 min abzentrifugiert, der Überstand abgesaugt und der Rückstand in 900 µl CyStain® DNA/Protein-Lösung resuspendiert. Nach 10 min Inkubation im Dunkeln können die Proben durchflusszytometrisch vermessen werden (Ploidy Analyzer® PA II, Partec, Münster). Insgesamt wurden pro Probe mindestens 20000 Events gezählt. Die Auswertung erfolgt mit Hilfe des Programms Flowmax®.

3.B.10 Bestimmung der in vitro-Resorption mit Hilfe des Caco-2 Zellmodells

Das Caco-2 Zellmodell ist dafür geeignet, die *in vivo*-Resorption und Bioverfügbarkeit von Substanzen nach oraler Gabe vorherzusagen (Yee, 1997). Die Resorption im Dünndarm erfolgt durch polarisierte Enterozyten, welche eine apikale, dem Darmlumen zugewandte

Membran mit Einstülpungen, sogenannten Mikrovilli, und eine basolaterale, dem Darmlumen abgewandte Membran aufweisen. Der Transport kann dabei aktiv, vesikulär oder aufgrund von passiver Diffusion erfolgen. Letztere findet entweder parazellulär oder transzellulär statt. Dieser polare Aufbau wird durch spontane Differenzierung der aus dem Kolon stammenden Caco-2 Zellen nach Erreichen der Konfluenz nachgebildet. Dabei werden spezifische Merkmale und Enzyme des Dünndarmepithels exprimiert. Durch Kultivierung auf semipermeablen Membraneinsätzen kann der Transport von Substanzen untersucht werden.

<u>Verwendete Puffer und Lösungen</u>
HBSS (Hank's buffered salt solution) pH 7,4

138 mM	NaCl
5,6 mM	D-Glucose
5,3 mM	KCl
4,2 mM	$NaHCO_3$
1,26 mM	$CaCl_2$
0,5 mM	$MgCl_2$
0,4 mM	$MgSO_4$
0,4 mM	KH_2PO_4
0,3 mM	K_2HPO_4

Lucifer Yellow-Lösung (100 µg/ml)

Kultivierung in permeablen Transwell®-Membraneinsätzen

Für die Transportuntersuchungen werden die Caco-2 Zellen auf semipermeablen Transwell®-Membraneinsätzen (Polyestermembran, 6,5 mm Durchmesser, 0,4 µm Porengröße, 0,3 cm² Wachstumsfläche, Gewebekultur-behandelt; Corning Inc. Life Sciences, Tewksbury, NY, USA) für 24-Well-Platten kultiviert. Dabei werden pro Einsatz 6×10^5 Zellen in 100 µl Medium apikal ausgestreut, das Volumen des basolateralen Kompartiments beträgt 600 µl. Alle zwei bis drei Tage wird über 21 Tage der Differenzierungsphase das Medium in beiden Kompartimenten gewechselt. An Tag 21 wird das Medium entfernt und die Kompartimente werden zwei Mal mit HBSS gewaschen. Die Inkubation erfolgt mit 10 µM des jeweiligen Mykotoxins (1% EtOH) in HBSS auf der apikalen Seite, das basolaterale Kompartiment wird mit der entsprechenden Menge an substanz-freiem HBSS versetzt. Am Ende der entsprechenden Inkubationszeiten wird das gesamte Volumen beider Kompartimente entnommen und dreimal mit Ethylacetat ausgeschüttelt. Die vereinigten Phasen werden bis zur Trockne abgedampft, in 50 µl Methanol wieder aufgenommen und mittels LC-DAD-MS/MS analysiert (s. 3.B.2.4).

Berechnung des Permeabilitätskoeffizienten

Zur Beschreibung der Permeabilität einer Zellschicht für eine bestimmte Substanz wird der sogenannte scheinbare Permeabilitätskoeffizient (apparent permeability coefficient, P_{app}) berechnet.

$$P_{app}\,[cms^{-1}] = \frac{dc}{dt}\frac{V}{Ac_{AP}} = \frac{Vc_{BL}}{tAc_{AP}}$$

Der Zusammenhang zwischen den P_{app}-Werten und der oralen Aufnahme beim Menschen wurde für zahlreiche Substanzen mit verschiedenen strukturellen Eigenschaften bestimmt (Artursson und Karlsson, 1991, Yee, 1997). Bei Auftragung der prozentual resorbierten Menge der Modellsubstanzen als Funktion der P_{app}-Werte ergibt sich eine sigmoide Kurve, anhand derer es sich auf die Resorption einer beliebigen Substanz im Menschen nach oraler Gabe zurückschließen lässt. Die zu erwartete *in vivo*-Resorption kann in drei Klassen anhand der P_{app}-Werte eingeteilt werden: hoch (0-20%;

P_{app} <1 x 10^{-6} cm s^{-1}), mittel (20-70%;1 x 10^{-6} < P_{app} > 10 x 10^{-6} cm s^{-1}) und hoch (70-100%; P_{app}>10 x 10^{-6} cm s^{-1}).

Integritätskontrolle

Für die Qualitätskontrolle der Caco-2 Zellschicht wird die Transportrate des Markermoleküls Lucifer Yellow (LY) direkt nach dem Resorptionsversuch bestimmt. LY kann die Zellschicht nicht mit Hilfe von endogenen Transportsystemen, sondern nur auf parazellulärem Wege durchqueren. Die Messung der Transportrate spiegelt folglich die Barrierefunktion des Systems wider. Nach Beendigung der Resorptionsversuche werden das apikale und basolaterale Kompartiment zweimal mit HBSS gewaschen. Anschließend wird das apikale Kompartiment mit einer LY-Lösung (100 µg/ml), das basolaterale Kompartiment nur mit HBSS befüllt. Nach 1 h Inkubation bei 37°C werden zwei Aliquote zu je 200 µl aus dem basolateralen Kompartiment in eine 96-Well-Platte überführt und die relative Fluoreszenz (RFU, relative fluorescence units) bei einer Exzitationswellenlänge von 485 nm und einer Emissionswellenlänge von 535 nm gemessen. Zur Berechnung der durch den Monolayer durchgetretenen Menge an LY werden ein Blindwert (HBSS) und die Equilibrium-Konzentration bestimmt.

$$c_{Equilibrium} = \frac{c_{AP}V_{AP}}{(V_{AP}+V_{BL})} = \frac{100\ \mu g/ml \times 0,1ml}{(0,1ml + 0,6ml)} = 14,3\ \mu g/ml$$

Der prozentuale Anteil an LY im basolateralen Kompartiment, der den Monolayer passiert hat, berechnet sich wie folgt:

$$\%LY\text{-}Passage = \frac{RFU_{Probe} - RFU_{Blindwert}}{RFU_{Equilibrium} - RFU_{Blindwert}} \times 100\%$$

Im Falle eines intakten Zellmonolayers variieren die LY-Transportraten zwischen 0,3 und 2%.

3.B.11 Untersuchungen zum in vitro-Metabolismus der Alternaria-Toxine mit Perylenchinon-Struktur

Inkubation mit Zellfraktionen

Durch Inkubation von ATX I, ATX II, ATX III, ALTCH und STTX III mit Zellfraktionen und den entsprechenden Cosubstraten soll der Metabolismus in Bezug auf Hydroxylierung, Oxidation/Reduktion und Glucuronidierung untersucht werden. Die Inkubation mit isoliertem Tubulin und Serumalbumin gibt Hinweise auf eine Reaktivität gegenüber Thiol-Gruppen. Im Falle der Epoxide ATX II, ATX III und STTX III wurde die Hydrolyse der Epoxidgruppe durch Inkubation mit isolierter Epoxidhydrolase untersucht.

<u>Verwendete Puffer und Lösungen</u>

Mikrosomen und Cytosol wurden durch differentielle Zentrifugation aus homogenisiertem Lebergewebe von einer männlichen Sprague-Dawley-Ratte gewonnen (Lake, 1987). Die Proteinkonzentration (CYP-Gehalt) betrug für die Rattenlebermikrosomen (RLM) 27 mg/ml (0,39 nmol CYP/mg Protein) und für das Rattenlebercytosol (RLC) 38 mg/ml (Omura und Sato, 1964, Bradford, 1976). Tubulin wurde aus Schweinehirn (lokaler Schlachtbetrieb) isoliert und weisen einen Proteingehalt von 10 mg/ml auf (Shelanski *et al.*, 1973).

Albumin aus Rinderserum (Sigma-Aldrich, Taufkirchen)

Epoxidhydrolase rekombinant aus *E. coli* (Sigma-Aldrich, Taufkirchen)

0,1 M Kaliumphosphat-Puffer (KPP, pH 7,4)

Hydroxylierungsreaktionen:

      NADPH-generierendes System (siehe Kap. 3.A.2)

Reduktion/Oxidation:

10 mM NADH/NAD$^+$

Glucuronidierung:

25 µg/ ml Alamethicin

0,1 M MgCl$_2$

0,1 M Saccharolacton

20 mM UDPGA

<u>Durchführung</u>

Für die *mikrosomale Umsetzung* werden 0,5 mg Protein der Rattenlebermikrosomen in 0,1 M KPP gelöst und mit 10 nmol des Toxins für 5 min bei 37°C vorinkubiert. Die Reaktion wird durch Zugabe von 17,5 µl NADPH-generierendem System gestartet. Das Gesamtvolumen beträgt 0,5 ml und die Inkubationszeit 30 min. Die *oxidative/ reduktive Umsetzung* erfolgt durch Zugabe von 1 mM NADH/NAD$^+$ zu 10 nmol des Toxins und 0,5 mg Rattenlebercytosol in 200 µl 0,1 M KPP für 30 min bei 37°C. Nach Ablauf der Inkubationszeit werden die Lösungen 3 Mal mit 0,5 ml Ethylacetat extrahiert. Die vereinigten organischen Phasen werden bis zur Trockne abgedampft, in 50 µl MeOH aufgenommen und mittels LC-DAD-MS/MS analysiert (s. Kap. 3.B.2.4).

Für die Untersuchung der *Glucuronidierung* in einem Gesamtvolumen von 200 µl wird zunächst 0,2 mg mikrosomales Protein mit 40 µl Alamethicin-Lösung auf Eis für 10 min zur Porenbildung vorinkubiert. Anschließend erfolgt eine weitere Vorinkubation für 5 min bei 37°C mit 50 µM Toxin in 0,1 mM KPP unter Zugabe von jeweils 10 mM MgCl$_2$ und Saccharolacton. Die Reaktion wird durch Zugabe von 2 mM UDPGA gestartet und nach Ablauf der Inkubationszeit (2 h) mit eiskaltem Methanol abgestoppt. In diesem Fall wird die Lösung direkt mittels LC-DAD-MS/MS analysiert.

Reaktion von ATX II und STTX III mit Mono- und Dithiolen

<u>Verwendete Puffer und Lösungen</u>

0,1 M Kaliumphosphat-Puffer (KPP, pH 7,4)

Glutathion-*S*-transferase (GST) aus humaner Plazenta (Sigma-Aldrich, Taufkirchen)

Stammlösungen der Mono- und Dithiolen (in H_2O dest. bzw. EtOH):

    10 mM Mercaptoethanol

    10 mM N-Acetylcystein

    100 mM Glutathion

    10 mM Ethan-1,2-dithiol

    10 mM Propan-1,3-dithiol

    10 mM Dihydroliponsäure

    10 mM Butan-1,4-dithiol

    10 mM Dithiothreitol

    10 mM Pentan-1,5-dithiol

0,7 M Glycin-HCl-Puffer (pH 1,2)

<u>Durchführung</u>

Die Inkubation erfolgt nach Zugabe von 1 mM der entsprechenden Thiolverbindung (10 mM bei Zugabe von GSH) zu 10 nmol ATX II oder STTX III für 30 min bei 37°C in 200 µl 0,1 M KPP. Für die Untersuchung der katalytischen Beteiligung der GST an der Reaktion von ATX II und STTX III mit GSH, werden 10 nmol des Toxins in 200 µl 0,1 M KPP ohne Zusatz von Protein und Thiol sowie mit 1 mM GSH und/oder 1U GST für 10 min bei 37°C inkubiert. Nach dreimaliger Extraktion der Lösungen mit Ethylacetat bzw. saurer Extraktion nach Zugabe von 1VT Glycin-HCl-Puffer (GSH) werden die vereinigten Phasen bis zur Trockne abgedampft, in 50 µl Methanol wieder aufgenommen und mittels LC-DAD-MS/MS analysiert (s. Kap. 3.B.2.4).

Inkubation von ATX II mit kultivierten Zelllinien und Stabilität in Zellkulturmedium

In einer Zellkulturschale mit 40 mm Durchmesser werden 1,5 x 10^5 V79-, Caco-2-, HCT-116- oder HepG2-Zellen in 2 ml Kulturmedium ausgestreut. Nach einer Anwachszeit von 24 h (V79, Caco-2, HCT-116) bzw. 48 h (HepG2) erfolgt die Inkubation mit 1 µM ATX II für 1,5 h in 2 ml serumfreiem Medium und 1% EtOH. Die Inkubationslösung wird vollständig abgenommen und drei Mal mit Ethylacetat extrahiert. Die vereinigten organischen Phasen werden bis zur Trockne abgedampft, in 50 µl Methanol wieder aufgenommen und mittels LC-DAD-MS/MS analysiert (s. Kap. 3.B.2.4). Die Bestimmung der Stabilität in Zellkulturmedium erfolgt durch Inkubation von 2-10 nmol *Alternaria*-Toxin in Reaktionsgefäßen und 200 µl Medium mit und ohne FKS bei 37°C für 0, 0,5, 1, 3 und 24 h unter normaler Atmosphäre. Die Extraktion und Analyse wird wie oben beschrieben durchgeführt.

3.B.12 Bestimmung des intrazellulären GSH-Spiegels nach Tietze

Bei der photometrischen Messung des intrazellulären Gesamt-GSH-Spiegels nach Tietze reduziert das vorhandene GSH den Farbstoff 5,5'-Dithiobis-2-nitrobenzoesäure (DTNB) zur gelb gefärbten 5-Thio-2-nitrobenzoesäure, deren Absorption bei 405 nm gemessen wird. Das gebildete Glutathion-Disulfid wird durch Zugabe von Glutathion-Reduktase und NADPH zum GSH recycelt und steht somit wieder für die Reaktion mit DTNB zur Verfügung. In der Zelle vorhandenes GSSG wird daher ebenfalls miterfasst.

<u>Verwendete Puffer und Lösungen</u>

0,1 M Kaliumphosphat-Puffer mit 1 mM EDTA (pH 7,4)

100 mM GSH-Stammlösung

50 mM GSSG-Stammlösung

10 mM DTNB (5,5'-Dithiobis-2-nitrobenzoesäure, Ellmans Reagenz)

2 mM NADPH

Arbeitsreagenz (in 0,1 M Kaliumphosphatpuffer mit 1 mM EDTA vor Gebrauch verdünnen)

    2 mM DTNB

    0,3 mM NADPH

4 U/ml Glutathion-Reduktase

6,5% 5-Sulfosalicylsäure

<u>Durchführung</u>

Die Kalibrierung erfolgt mit GSH in einem Konzentrationsbereich von 5-50 µM (0,1-1 nmol) mit zehn äquidistanten Kalibierpunkten. Die Lösungen wurden analog den Zellsuspensionen behandelt und enthielten 5-Sulfosalicylsäure in einer Endkonzentration von 1,3%. Zu jeder Bestimmung wurde eine externe Wiederfindung in Form einer GSSG-Lösung (20 µM) mitgeführt.

Zur Bestimmung des GSH-Spiegels in Zellen werden Zellaliquote in PBS mit bekannter Zellzahl hergestellt. Die Zelllyse erfolgt im Biofreezer bei -80°C über Nacht. Nach dem Auftauen werden 120 µl der Zellsuspensionen zur Proteinfällung mit 30 µl 6,5% 5-Sulfosaliclysäure versetzt und 10 min auf Eis gestellt. Der Überstand nach Zentrifugation bei 2 000 g für 15 min wird direkt für die Messung in 96-Well-Platten nach folgendem Pipettierschema (Tab. 20) eingesetzt.

Tab. 20: Pipettierschema zur Bestimmung des Gesamt-GSH-Gehalts in Zellen nach Tietze (Angaben in µl).

Lösung	Blindwert	Probe
Puffer	60	ad 200
Standard/Probe	-	20-60
Arbeitsreagenz	100	100
Glutathion-Reduktase	40	40

Die Absorption bei 405 nm wurde über 4 min in 8 Zyklen gemessen, wobei ein linearer Anstieg über die Zeit gegeben sein muss. Für die Berechnung des GSH-Gehaltes wird die Extinktionsdifferenz zwischen Zyklus 1 und 5 verwendet und abzüglich des Blindwertes (Soll > 0,1) mit der erhaltenen Kalibriergeraden auf nmol GSH/10^6 Zellen umgerechnet.

<u>GSH-Depletion</u>

Zur Senkung des intrazellulären GSH-Spiegels werden die Zellen mit Buthioninsulfoximin (BSO) in Konzentrationen von 1, 10, 25 und 100 µM mit 1% DMSO über 24 h inkubiert. BSO hemmt die γ-Glutamyl-Cystein-Ligase und damit den ersten der beiden enzymatischen Schritte der GSH-Synthese.

Literaturverzeichnis

ABBAS, H.K., TANAKA, T., DUKE, S.O., PORTER, J.K., WRAY, E.M., HODGES, L., SESSIONS, A.E., WANG, E., MERRILL JR, A.H., RILEY, R.T. (1994) Fumonisin- and AAL-toxin-induced disruption of sphingolipid metabolism with accumulation of free sphingoid bases. Plant physiol, 106, 1085-1093.

ANDERSEN, B., THRANE, U. (2006) Food-borne fungi in fruit and cereals and their production of mycotoxins. Advances in Food Mycology, Advances in Experimental Medicine and Biology, Springer, New York, NY, USA, 571, 137-152.

ARTURSSON, P., KARLSSON, J. (1991) Correlation between oral drug absorption in humans and apparent drug permeability coefficients in human intestinal epithelial (Caco-2) cells. Biochem Biophys Res Commun, 175, 880-5.

ASAM, S., KONITZER, K., SCHIEBERLE, P., RYCHLIK, M. (2009) Stable isotope dilution assays of alternariol and alternariol monomethyl ether in beverages. J Agric Food Chem, 57, 5152-60.

BADAWI, A.F., CAVALIERI, E.L., ROGAN, E.G. (2001) Role of human cytochrome P450 1A1, 1A2, 1B1, and 3A4 in the 2-, 4-, and 16alpha-hydroxylation of 17beta-estradiol. Metabolism, 50, 1001-3.

BARKAI-GOLAN, R. (2008) Alternaria mycotoxins. In Barkai-Golan, R. and Paster, N. (eds), Mycotoxins in fruits and vegetables, Elsevier, San Diego, CA, USA, Vol. 1, 185-203.

BARKAI-GOLAN, R., PASTER, N. (2008) Mouldy fruits and vegetables as a source of mycotoxins: part 1. World Mycotoxin J, 1, 147-159.

BECCI, P.J., JOHNSON, W.D., HESS, F.G., GALLO, M.A., PARENT, R.A., TAYLOR, J.M. (1982) Combined two-generation reproduction-teratogenesis study of zearalenone in the rat. J Appl Toxicol, 2, 201-6.

BEESLEY, R.M., INGOLD, C.K., THORPE, J.F. (1915) CXIX.-The formation and stability of spiro-compounds. Part I. spiro-compounds from cyclohexane. Journal of the Chemical Society, Transactions, 107, 1080-1106.

BENSASSI, F., GALLERNE, C., EL DEIN, O.S., HAJLAOUI, M.R., BACHA, H., LEMAIRE, C. (2011) Mechanism of alternariol monomethyl ether-induced mitochondrial apoptosis in human colon carcinoma cells. Toxicology, 290, 230-40.

BENSASSI, F., GALLERNE, C., SHARAF EL DEIN, O., HAJLAOUI, M.R., BACHA, H., LEMAIRE, C. (2012) Cell death induced by the Alternaria mycotoxin alternariol. Toxicol In Vitro, 26, 915-23.

BERNHOFT, A., BEHRENS, G.H., INGEBRIGTSEN, K., LANGSETH, W., BERNDT, S., HAUGEN, T.B., GROTMOL, T. (2001) Placental transfer of the estrogenic mycotoxin zearalenone in rats. Reprod Toxicol, 15, 545-50.

BERTHILLER, F., HAMETNER, C., KRENN, P., SCHWEIGER, W., LUDWIG, R., ADAM, G., KRSKA, R., SCHUHMACHER, R. (2009) Preparation and characterization of the conjugated Fusarium mycotoxins zearalenone-4O-beta-D-glucopyranoside, alpha-zearalenol-4O-beta-D-glucopyranoside and beta-zearalenol-4O-beta-D-glucopyranoside by MS/MS and two-dimensional NMR. Food Addit Contam Part A Chem Anal Control Expo Risk Assess, 26, 207-13.

BfR (2003) Stellungnahme des Bundesinstituts für Risikobewertung (BfR): Alternaria-Toxine in Lebensmitteln. http://www.bfr.bund.de/de/a-z_index/alternaria_toxine-5021.html.

BIEHL, M.L., PRELUSKY, D.B., KORITZ, G.D., HARTIN, K.E., BUCK, W.B., TRENHOLM, H.L. (1993) Biliary excretion and enterohepatic cycling of zearalenone in immature pigs. Toxicol Appl Pharmacol, 121, 152-9.

BOLTON, J.L., THATCHER, G.R. (2008) Potential mechanisms of estrogen quinone carcinogenesis. Chem Res Toxicol, 21, 93-101.

BOTTALICO, A., LOGRIECO, A. (1998) Toxigenic Alternaria species of economic importance. In Sinha, K.K. and Bhatnagar, D. (eds), Mycotoxins in agriculture and food safety, CRC Press, Boca Raton, FL, USA, 65, 66-108.

BOUTIN, B.K., PEELER, J.T., TWEDT, R.M. (1989) Effects of purified altertoxins I, II, and III in the metabolic communication V79 system. J Toxicol Environ Health, 26, 75-81.

BRADFORD, M.M. (1976) A rapid and sensitive method for the quantitation of microgram quantities of protein utilizing the principle of protein-dye binding. Anal Biochem, 72, 248-54.

BROWER, V. (2001) Talking apples and oranges: The EU and the USA continue to struggle over exports of US hormone-treated beef to Europe. EMBO Rep, 2, 173-4.

BRUGGER, E.M., WAGNER, J., SCHUMACHER, D.M., KOCH, K., PODLECH, J., METZLER, M., LEHMANN, L. (2006) Mutagenicity of the mycotoxin alternariol in cultured mammalian cells. Toxicol Lett, 164, 221-30.

BURKHARDT, B., PFEIFFER, E., METZLER, M. (2009) Absorption and metabolism of the mycotoxins alternariol and alternariol-9-methyl ether in Caco-2 cells in vitro. Mycotoxin Res, 25, 149-57.

BURKHARDT, B., WITTENAUER, J., PFEIFFER, E., SCHAUER, U.M., METZLER, M. (2011) Oxidative metabolism of the mycotoxins alternariol and alternariol-9-methyl ether in precision-cut rat liver slices in vitro. Mol Nutr Food Res, 55, 1079-86.

BUSSEMAS, H.H., LIPPMANN, C., SCHWEDT, G. (1977) [A rapid semiautomatic separation of urinary catecholamines (author's transl)]. J Clin Chem Clin Biochem, 15, 367-9.

CANITROT, Y., CAZAUX, C., FRECHET, M., BOUAYADI, K., LESCA, C., SALLES, B., HOFFMANN, J.S. (1998) Overexpression of DNA polymerase beta in cell results in a mutator phenotype and a decreased sensitivity to anticancer drugs. Proc Natl Acad Sci U S A, 95, 12586-90.

CARRASCO, L., VAZQUEZ, D. (1973) Differences in eukaryotic ribosomes detected by the selective action of an antibiotic. BBA-Nucleic Acids Protein Synth, 319, 209-215.

CAVALIERI, E., ROGAN, E. (2006) Catechol quinones of estrogens in the initiation of breast, prostate, and other human cancers: keynote lecture. Ann N Y Acad Sci, 1089, 286-301.

CAVALIERI, E.L., ROGAN, E.G., CHAKRAVARTI, D. (2002) Initiation of cancer and other diseases by catechol ortho-quinones: a unifying mechanism. Cell Mol Life Sci, 59, 665-81.

CHAMPOUX, J.J. (2001) DNA topoisomerases: structure, function, and mechanism. Annu Rev Biochem, 70, 369-413.

CHEŁKOWSKI, J., GRABARKIEWICZ-SZCZESNA, J. (1991) Alternaria and their metabolites in cereal grain. In Chelkowski, J. (ed), Developments in Food Science, Cereal grain: mycotoxins, fungi and quality in drying and storage, 26, 67-76.

CHEN, A.Y., YU, C., GATTO, B., LIU, L.F. (1993) DNA minor groove-binding ligands: a different class of mammalian DNA topoisomerase I inhibitors. Proc Natl Acad Sci U S A, 90, 8131-5.

CHU, F.S., LI, G.Y. (1994) Simultaneous occurrence of fumonisin B1 and other mycotoxins in moldy corn collected from the People's Republic of China in regions with high incidences of esophageal cancer. Appl Environ Microbiol, 60, 847-852.

COOMBE, R.G., JACOBS, J.J., WATSON, T.R. (1970) Metabolites of some Alternaria species - structures of altenusin and dehydroaltenusin. Aust J Chem, 23, 2343-51.

CORNWALL, G.A., CARTER, M.W., BRADSHAW, W.S. (1984) The relationship between prenatal lethality or fetal weight and intrauterine position in rats exposed to diethylstilbestrol, zeranol, 3,4,3',4'-tetrachlorobiphenyl, or cadmium. Teratology, 30, 341-9.

DAVIS, V.M., STACK, M.E. (1991) Mutagenicity of stemphyltoxin III, a metabolite of Alternaria alternata. Appl Environ Microbiol, 57, 180-2.

DAVIS, V.M., STACK, M.E. (1994) Evaluation of alternariol and alternariol methyl ether for mutagenic activity in Salmonella typhimurium. Appl Environ Microbiol, 60, 3901-2.

DEVANESAN, P., TODOROVIC, R., ZHAO, J., GROSS, M.L., ROGAN, E.G., CAVALIERI, E.L. (2001) Catechol estrogen conjugates and DNA adducts in the kidney of male Syrian golden hamsters treated with 4-hydroxyestradiol: potential biomarkers for estrogen-initiated cancer. Carcinogenesis, 22, 489-97.

DIDWANIA, N., JOSHI, M. (2013) Mycotoxins: A critical review on occurrence and significance. Int J Pharm Pharm Sci, 43, 1005-1010.

DIETZE, E.C., KUWANO, E., HAMMOCK, B.D. (1994) Spectrophotometric substrates for cytosolic epoxide hydrolase. Anal Biochem, 216, 176-87.

DONG, Z.G., LIU, G.T., DONG, Z.M., QIAN, Y.Z., AN, Y.H., MIAO, J.A., ZHEN, Y.Z. (1987) Induction of mutagenesis and transformation by the extract of Alternaria alternata isolated from grains in Linxian, China. Carcinogenesis, 8, 989-91.

EC (2003) European Commission SCOOP Task 3.2.10 Collection of occurence data of Fusarium toxins in food and assessment of dietary intake by the population of EU Member States. European Commission, General Health and Consumer Protection, Reports on tasks for scientific cooperation, 1-606.

EC (2011) Hormones Case: Statement on the US announcement to lift sanctions on certain EU products imported to the US. John Clancy, EU Trade Spokesman, Roger Waite, EU Agriculture Spokesman, http://trade.ec.europa.eu/wtodispute/show.cfm?id=186&code=2# other-information.

EDWARDS, S., CANTLEY, T.C., ROTTINGHAUS, G.E., OSWEILER, G.D., DAY, B.N. (1987) The effects of zearalenone on reproduction in swine. 1. The relationship between ingested zearalenone dose and anestrus in nonpregnant, sexually mature gilts. Theriogenology, 28, 43-49.

EFSA (2007) Opinion of the Scientific Panel on Contaminants in the Food Chain on a request from the European Commission related to hormone residues in bovine meat and meat products. EFSA Journal, 510, 1-62.

EFSA (2011a) Scientific Opinion on the risks for animal and public health related to the presence of *Alternaria* toxins in feed and food. EFSA Journal, 9(10):2407, 1-97.

EFSA (2011b) Scientific Opinion on the risks for public health related to the presence of zearalenone in food. EFSA Journal, 9(6):2197, 1-124.

EVANS, M.D., DIZDAROGLU, M., COOKE, M.S. (2004) Oxidative DNA damage and disease: induction, repair and significance. Mutat Res, 567, 1-61.

FAO (2004) Food and Agricultural Organization of the United Nations (FAO): Worldwide regulations for mycotoxins in food and feed in 2003. Food and Nutrition Paper 81. FAO, Rome, Italy, http://www.fao.org/docrep/007/y5499e/y5499e00.HTM.

FEHR, M., BAECHLER, S., KROPAT, C., MIELKE, C., BOEGE, F., PAHLKE, G., MARKO, D. (2010) Repair of DNA damage induced by the mycotoxin alternariol involves tyrosyl-DNA phosphodiesterase 1. Mycotoxin Res, 26, 247-56.

FEHR, M., PAHLKE, G., FRITZ, J., CHRISTENSEN, M.O., BOEGE, F., ALTEMÖLLER, M., PODLECH, J., MARKO, D. (2009) Alternariol acts as a topoisomerase poison, preferentially affecting the IIalpha isoform. Mol Nutr Food Res, 53, 441-51.

FEIGELSON, H.S., HENDERSON, B.E. (1996) Estrogens and breast cancer. Carcinogenesis, 17, 2279-84.

FLECK, S.C., BURKHARDT, B., PFEIFFER, E., METZLER, M. (2012a) Alternaria toxins: Altertoxin II is a much stronger mutagen and DNA strand breaking mycotoxin than alternariol and its methyl ether in cultured mammalian cells. Toxicol Lett, 214, 27-32.

FLECK, S.C., HILDEBRAND, A.A., MÜLLER, E., PFEIFFER, E., METZLER, M. (2012b) Genotoxicity and inactivation of catechol metabolites of the mycotoxin zearalenone. Mycotoxin Res, 28, 267-73.

FLECK, S.C., HILDEBRAND, A.A., PFEIFFER, E., METZLER, M. (2012c) Catechol metabolites of zeranol and 17beta-estradiol: a comparative in vitro study on the induction of oxidative DNA damage and methylation by catechol-O-methyltransferase. Toxicol Lett, 210, 9-14.

FLECK, S.C., PFEIFFER, E., METZLER, M. (2013a) Permeation and metabolism of Alternaria mycotoxins with perylene quinone structure in cultured Caco-2 cells. Mycotoxin Res, DOI 10.1007/s12550-013-0180-0.

FLECK, S.C., PFEIFFER, E., PODLECH, J., METZLER, M. (2013b) Reductive de-epoxidation, a novel metabolic pathway for perylene quinone-type Alternaria mycotoxins in mammalian cells. Chem Res Toxicol, eingereicht.

FRENI-TITULAER, L.W., CORDERO, J.F., HADDOCK, L., LEBRON, G., MARTINEZ, R., MILLS, J.L. (1986) Premature thelarche in Puerto Rico. A search for environmental factors. Am J Dis Child, 140, 1263-7.

FRIZZELL, C., NDOSSI, D., KALAYOU, S., ERIKSEN, G.S., VERHAEGEN, S., SORLIE, M., ELLIOTT, C.T., ROPSTAD, E., CONNOLLY, L. (2013) An in vitro investigation of endocrine disrupting effects of the mycotoxin alternariol. Toxicol Appl Pharmacol, 271, 64-71.

FUSSELL, K.C., UDASIN, R.G., SMITH, P.J., GALLO, M.A., LASKIN, J.D. (2011) Catechol metabolites of endogenous estrogens induce redox cycling and generate reactive oxygen species in breast epithelial cells. Carcinogenesis, 32, 1285-93.

GAFFOOR, I., TRAIL, F. (2006) Characterization of two polyketide synthase genes involved in zearalenone biosynthesis in Gibberella zeae. Appl Environ Microbiol, 72, 1793-1799.

GALLOWAY, S.M., ARMSTRONG, M.J., REUBEN, C., COLMAN, S., BROWN, B., CANNON, C., BLOOM, A.D., NAKAMURA, F., AHMED, M., DUK, S., RIMPO, J., MARGOLIN, B.H., RESNICK, M.A., ANDERSON, B., ZEIGER, E. (1987) Chromosome-aberrations and sister chromatid exchanges in Chinese Hamster ovary cells - Evaluations of 108 chemicals. Environ Mol Mutagen, 10, 1-175.

GORACA, A., HUK-KOLEGA, H., PIECHOTA, A., KLENIEWSKA, P., CIEJKA, E., SKIBSKA, B. (2011) Lipoic acid - biological activity and therapeutic potential. Pharmacol Rep, 63, 849-58.

GOYARTS, T., DÄNICKE, S., VALENTA, H., UEBERSCHAR, K.H. (2007) Carry-over of Fusarium toxins (deoxynivalenol and zearalenone) from naturally contaminated wheat to pigs. Food Addit Contam, 24, 369-380.

GRAF, E., SCHMIDT-HEYDT, M., GEISEN, R. (2012) HOG MAP kinase regulation of alternariol biosynthesis in Alternaria alternata is important for substrate colonization. Int J Food Microbiol, 157, 353-9.

GRIFFIN, G.F., CHU, F.S. (1983) Toxicity of the Alternaria metabolites alternariol, alternariol methyl ether, altenuene, and tenuazonic acid in the chicken embryo assay. Appl Environ Microbiol, 46, 1420-2.

GRIFFITH, O.W., MEISTER, A. (1979) Potent and specific inhibition of glutathione synthesis by buthionine sulfoximine (S-n-butyl homocysteine sulfoximine). J Biol Chem, 254, 7558-60.

GROSSE, Y., CHEKIR-GHEDIRA, L., HUC, A., OBRECHT-PFLUMIO, S., DIRHEIMER, G., BACHA, H., PFOHL-LESZKOWICZ, A. (1997) Retinol, ascorbic acid and alpha-tocopherol prevent DNA adduct formation in mice treated with the mycotoxins ochratoxin A and zearalenone. Cancer Lett, 114, 225-9.

HABIG, W.H., PABST, M.J., JAKOBY, W.B. (1974) Glutathione S-transferases. The first enzymatic step in mercapturic acid formation. J Biol Chem, 249, 7130-9.

HAGLER, W.M., MIROCHA, C.J. (1980) Biosynthesis of [C-14] zearalenone from [acetate-1-C-14] by Fusarium roseum gibbosum. Appl Environ Microbiol, 39, 668-670.

HARDAS, S.S., SULTANA, R., CLARK, A.M., BECKETT, T.L., SZWEDA, L.I., MURPHY, M.P., BUTTERFIELD, D.A. (2013) Oxidative modification of lipoic acid by HNE in Alzheimer disease brain. Redox Biol, 1, 80-5.

HARRIS, T.M., HAY, J.V. (1977) Biogenetically modeled syntheses of hepta acetate metabolites - alternariol and lichexanthone. J Am Chem Soc, 99, 1631-1637.

HARTWIG, A., DALLY, H., SCHLEPEGRELL, R. (1996) Sensitive analysis of oxidative DNA damage in mammalian cells: use of the bacterial Fpg protein in combination with alkaline unwinding. Toxicol Lett, 88, 85-90.

HASAN, H.A.H. (1995) Alternaria mycotoxins in black rot lesion of tomato fruit - Conditions and regulation of their production. Mycopathologia, 130, 171-177.

HESSE, M., MEIER, H., ZEEH, B. (2005) Spektroskopische Methoden in der organischen Chemie. Georg Thieme Verlag, Stuttgart, 7. Auflage.

HILDEBRAND, A., PFEIFFER, E., METZLER, M. (2010) Aromatic hydroxylation and catechol formation: a novel metabolic pathway of the growth promotor zeranol. Toxicol Lett, 192, 379-86.

HILDEBRAND, A.A., PFEIFFER, E., RAPP, A., METZLER, M. (2012) Hydroxylation of the mycotoxin zearalenone at aliphatic positions: novel mammalian metabolites. Mycotoxin Res, 28, 1-8.

HUA, Y., WAINHAUS, S.B., YANG, Y., SHEN, L., XIONG, Y., XU, X., ZHANG, F., BOLTON, J.L., VAN BREEMEN, R.B. (2001) Comparison of negative and positive ion electrospray tandem mass spectrometry for the liquid chromatography tandem mass spectrometry analysis of oxidized deoxynucleosides. J Am Soc Mass Spectrom, 12, 80-7.

HUMPHRIES, K.M., SZWEDA, L.I. (1998) Selective inactivation of alpha-ketoglutarate dehydrogenase and pyruvate dehydrogenase: reaction of lipoic acid with 4-hydroxy-2-nonenal. Biochemistry, 37, 15835-41.

IARC (1993) Monographs on the evaluation of carcinogenic risks to humans; Vol. 56: Some naturally occurring substances, food items and constituents, heterocyclic aomatic amines and mycotoxins. International Agency for Research on Cancer, World Health Organization, Lyon, France, 397-444.

IVANOVA, L., PETERSEN, D., UHLIG, S. (2010) Phomenins and fatty acids from Alternaria infectoria. Toxicon, 55, 1107-14.

JECFA (1998) 32nd Meeting of Joint FAO/WHO Expert Committee on Food Additives (JECFA), Toxilogical evaluation of certain veterinary drug residues in food. WHO Food Additives, Series 23, World Health Organization, Geneva, Switzerland, http://www.inchem.org/documents/jecfa/jecmono/v23je04.htm.

JECFA (2000) 53rd Meeting of Joint FAO/WHO Expert Committee on Food Additives (JECFA), Safety evaluation of certain food additives and contaminants. WHO Food Additives, Series 44, World Health Organization, Geneva, Switzerland, http://www.inchem.org/documents/jecfa/jecmono/v44jec14.htm.

KAGAN, V.E., SHVEDOVA, A., SERBINOVA, E., KHAN, S., SWANSON, C., POWELL, R., PACKER, L. (1992) Dihydrolipoic acid - a universal antioxidant both in the membrane and in the aqueous phase. Reduction of peroxyl, ascorbyl and chromanoxyl radicals. Biochem Pharmacol, 44, 1637-49.

KAMEDA, K., NAMIKI, M. (1974) Approach to biogenesis of dehydroaltenusin by enzymic oxidation. Chem Lett 265-266.

KAMISUKI, S., TAKAHASHI, S., MIZUSHINA, Y., SAKAGUCHI, K., NAKATA, T., SUGAWARA, F. (2004) Precise structural elucidation of dehydroaltenusin, a specific inhibitor of mammalian DNA polymerase alpha. Bioorg Med Chem, 12, 5355-9.

KATZENELLENBOGEN, B.S., KATZENELLENBOGEN, J.A., MORDECAI, D. (1979) Zearalenones: characterization of the estrogenic potencies and receptor interactions of a series of fungal beta-resorcylic acid lactones. Endocrinology, 105, 33-40.

KEY, T., APPLEBY, P., BARNES, I., REEVES, G. (2002) Endogenous Hormones Breast Cancer Collaborative Group. Endogenous sex hormones and breast cancer in postmenopausal women: reanalysis of nine prospective studies. J Natl Cancer Inst, 94, 606-16.

KIESSLING, K.H., PETTERSSON, H. (1978) Metabolism of zearalenone in rat liver. Acta Pharmacol Tox 43, 285-290.

KIM, Y.T., LEE, Y.R., JIN, J.M., HAN, K.H., KIM, H., KIM, J.C., LEE, T., YUN, S.H., LEE, Y.W. (2005) Two different polyketide synthase genes are required for synthesis of zearalenone in Gibberella zeae. Mol Microbiol 58, 1102-1113.

KISHIMOTO, A., OGURA, T., ESUMI, H. (2006) A pull-down assay for 5' AMP-activated protein kinase activity using the GST-fused protein. Mol Biotechnol, 32, 17-21.

KOUCHAKDJIAN, M., BODEPUDI, V., SHIBUTANI, S., EISENBERG, M., JOHNSON, F., GROLLMAN, A.P., PATEL, D.J. (1991) Nmr structural studies of the ionizing radiation adduct 7-hydro-8-oxodeoxyguanosine (8-oxo-7h-dG) opposite deoxyadenosine in a DNA duplex - 8-Oxo-7h-dG(syn):dA(anti) alignment at lesion site. Biochemistry, 30, 1403-1412.

KROES, R., RENWICK, A.G., CHEESEMAN, M., KLEINER, J., MANGELSDORF, I., PIERSMA, A., SCHILTER, B., SCHLATTER, J., VAN

SCHOTHORST, F., VOS, J.G., WURTZEN, G. (2004) Structure-based thresholds of toxicological concern (TTC): guidance for application to substances present at low levels in the diet. Food Chem Toxicol, 42, 65-83.

KUIPER-GOODMAN, T., SCOTT, P.M., WATANABE, H. (1987) Risk assessment of the mycotoxin zearalenone. Regul Toxicol Pharmacol, 7, 253-306.

LAKE, B.G. (1987) Preparation and characterization of microsomal fractions for studies on xenobiotic metabolism. In Snell, K. and Mullock, B. (eds), Biochemical Toxicology, IRL Press, Oxford, 183-215.

LANGE, I.G., DAXENBERGER, A., MEYER, H.H. (2001) Hormone contents in peripheral tissues after correct and off-label use of growth promoting hormones in cattle: effect of the implant preparations Filaplix-H, Ralgro, Synovex-H and Synovex Plus. APMIS, 109, 53-65.

LANGE, I.G., DAXENBERGER, A., MEYER, H.H., RAJPERT-DE MEYTS, E., SKAKKEBAEK, N.E., VEERAMACHANENI, D.N. (2002) Quantitative assessment of foetal exposure to trenbolone acetate, zeranol and melengestrol acetate, following maternal dosing in rabbits. Xenobiotica, 32, 641-51.

LANGE, S.S., TAKATA, K., WOOD, R.D. (2011) DNA polymerases and cancer. Nat Rev Cancer, 11, 96-110.

LAVIGNE, J.A., GOODMAN, J.E., FONONG, T., ODWIN, S., HE, P., ROBERTS, D.W., YAGER, J.D. (2001) The effects of catechol-O-methyltransferase inhibition on estrogen metabolite and oxidative DNA damage levels in estradiol-treated MCF-7 cells. Cancer Res, 61, 7488-94.

LEHMANN, L., WAGNER, J., METZLER, M. (2006) Estrogenic and clastogenic potential of the mycotoxin alternariol in cultured mammalian cells. Food Chem Toxicol, 44, 398-408.

LIEHR, J.G. (1990) Genotoxic effects of estrogens. Mutat Res, 238, 269-76.

LIEHR, J.G., FANG, W.F., SIRBASKU, D.A., ARI-ULUBELEN, A. (1986) Carcinogenicity of catechol estrogens in Syrian hamsters. J Steroid Biochem, 24, 353-6.

LIU, G., MIAO, J., LIU, Z., YU, G., ZHEN, Y., LI, X., ZHANG, J., ZHAO, C., HAO, H. (1982) The experimental study of the papillomas of the forestomach and esophagus induced by Alternaria alternata in rats. Acta Acad Med Henan, 17, 5-7.

LIU, G.T., QIAN, Y.Z., ZHANG, P., DONG, W.H., QI, Y.M., GUO, H.T. (1992) Etiological role of Alternaria alternata in human esophageal cancer. Chin Med J (Engl), 105, 394-400.

LIU, G.T., QIAN, Y.Z., ZHANG, P., DONG, Z.M., SHI, Z.Y., ZHEN, Y.Z., MIAO, J., XU, Y.M. (1991) Relationships between Alternaria alternata and oesophageal cancer. IARC Sci Publ, 258-62.

LÖBRICH, M., SHIBATA, A., BEUCHER, A., FISHER, A., ENSMINGER, M., GOODARZI, A.A., BARTON, O., JEGGO, P.A. (2010) gammaH2AX foci analysis for monitoring DNA double-strand break repair: strengths, limitations and optimization. Cell Cycle, 9, 662-9.

LOGRIECO, A., MORETTI, A., SOLFRIZZO, M. (2009) Alternaria toxins and plant diseases: an overview of origin, occurrence and risks. World Mycotoxin J, 2, 129-140.

LORENZ, N., KLAFFKE, H.-S., KEMMLEIN, S., ITTER, H., LAHRSSEN-WIEDERHOLT, M. (2012) Report: Aktueller Sachstand zum Thema „Alternaria-Toxine" aus Sicht des gesundheitlichen Verbraucherschutzes. J Verbraucherschutz und Lebensmittelsicherheit, 7, 359-365.

LOU, J., FU, L., PENG, Y., ZHOU, L. (2013) Metabolites from Alternaria fungi and their bioactivities. Molecules, 18, 5891-935.

MAGAN, N., CAYLEY, G.R., LACEY, J. (1984) Effect of water activity and temperature on mycotoxin production by Alternaria alternata in culture and on wheat grain. Appl Environ Microbiol, 47, 1113-7.

MAGDZIAK, D., RODRIGUEZ, A.A., VAN DE WATER, R.W., PETTUS, T.R. (2002) Regioselective oxidation of phenols to o-quinones with o-iodoxybenzoic acid (IBX). Org Lett, 4, 285-8.

MALEKINEJAD, H., MAAS-BAKKER, R., FINK-GREMMELS, J. (2006) Species differences in the hepatic biotransformation of zearalenone. Vet J, 172, 96-102.

MÄNNISTÖ, P.T., KAAKKOLA, S. (1999) Catechol-O-methyltransferase (COMT): biochemistry, molecular biology, pharmacology, and clinical efficacy of the new selective COMT inhibitors. Pharmacol Rev, 51, 593-628.

MARTIN, P.M., HORWITZ, K.B., RYAN, D.S., MCGUIRE, W.L. (1978) Phytoestrogen interaction with estrogen receptors in human breast cancer cells. Endocrinology, 103, 1860-7.

MASSART, F., MEUCA, V., SAGGESE, G., SOLDANI, G. (2008) High growth rate of girls with precocious puberty exposed to estrogenic mycotoxins. J Pediatr, 152, 690-695.

MERONUCK, R., STEELE, J., MIROCHA, C., CHRISTENSEN, C. (1972) Tenuazonic acid, a toxin produced by Alternaria alternata. Appl Microbiol, 23, 613-617.

METZLER, M. (2011) Proposal for a uniform designation of zearalenone and its metabolites. Mycotoxin Res, 27, 1-3.

METZLER, M., PFEIFFER, E. (2001) Genotoxic potential of xenobiotic growth promoters and their metabolites. APMIS, 109, 89-95.

METZLER, M., PFEIFFER, E., HILDEBRAND, A. (2010) Zearalenone and its metabolites as endocrine disrupting chemicals. World Mycotoxin J, 3, 385-401.

MIGDALOF, B.H., DUGGER, H.A., HEIDER, J.G., COOMBS, R.A., TERRY, M.K. (1983) Biotransformation of zeranol - Disposition and metabolism in the female rat, rabbit, dog, monkey and man. Xenobiotica, 13, 209-221.

MILES, C.O., ERASMUSON, A.F., WILKINS, A.L., TOWERS, N.R., SMITH, B.L., GARTHWAITE, I., SCAHILL, B.G., HANSEN, R.P. (1996) Ovine metabolism of zearalenone to alpha-zearalanol (zeranol). J Agr Food Chem, 44, 3244-3250.

MIROCHA, C.J., PATHRE, S.V., ROBISON, T.S. (1981) Comparative metabolism of zearalenone and transmission into bovine milk. Food Cosmet Toxicol, 19, 25-30.

MIZUSHINA, Y., KAMISUKI, S., MIZUNO, T., TAKEMURA, M., ASAHARA, H., LINN, S., YAMAGUCHI, T., MATSUKAGE, A., HANAOKA, F., YOSHIDA, S. (2000) Dehydroaltenusin, a mammalian DNA polymerase α inhibitor. J Biol Chem, 275, 33957-33961.

MOSMANN, T. (1983) Rapid colorimetric assay for cellular growth and survival - Application to proliferation and cytotoxicity assays. J Immunol Methods, 65, 55-63.

MUECK, A.O., SEEGER, H. (2010) 2-Methoxyestradiol - Biology and mechanism of action. Steroids, 75, 625-31.

MÜLLER, H.M., REIMANN, J., SCHUMACHER, U., SCHWADORF, K. (1997) Fusarium toxins in wheat harvested during six years in an area of southwest Germany. Nat Toxins, 5, 24-30.

MÜLLER, M.E.H., KORN, U. (2013) Alternaria mycotoxins in wheat - A 10 years survey in the Northeast of Germany. Food Control, 34, 191-197.

NEWBOLD, R.R., LIEHR, J.G. (2000) Induction of uterine adenocarcinoma in CD-1 mice by catechol estrogens. Cancer Res, 60, 235-7.

NTP (1982) Carcinogenesis bioassay of zearalenone (CAS No. 17924-92-4) in F344/N rats and B6C3F1 mice (feed study). Natl Toxicol Program Tech Rep Ser, 235, 1-155.

OKUNO, T., NATSUME, I., SAWAI, K., SAWAMURA, K., FURUSAKI, A. (1983) Structure of anti-fungal and phytotoxic pigments produced by Alternaria sps. Tetrahedron Lett, 24, 5653-5656.

OLSEN, M., PETTERSSON, H., KIESSLING, K.H. (1981) Reduction of zearalenone to zearalenol in female rat liver by 3alpha-hydroxysteroid dehydrogenase. Acta Pharmacol Toxicol (Copenh), 48, 157-61.

OLSEN, M., VISCONTI, A. (1988) Metabolism of alternariol monomethyl ether by porcine liver and intestinal mucosa in vitro. Toxicol in Vitro, 2, 27-29.

OMURA, T., SATO, R. (1964) The carbon monoxide-binding pigment of liver microsomes. I. Evidence for its hemoprotein nature. J Biol Chem, 239, 2370-8.

OSBORNE, L., JONES, V., PEELER, J., LARKIN, E. (1988) Transformation of C3H/10T12 cells and induction of EBV-early antigen in Raji cells by altertoxins I and III. Toxicol in Vitro, 2, 97-102.

OZCELIK, S., OZCELIK, N., BEUCHAT, L.R. (1990) Toxin production by Alternaria alternata in tomatoes and apples stored under various conditions and quantitation of the toxins by high-performance liquid chromatography. Int J Food Microbiol, 11, 187-94.

PANIGRAHI, S. (1997) Alternaria toxins. In D'Mello, F.J.P. (ed), Toxicology, Pharmacology, Food Science, Handbook of plant and fungal toxicants, CRC Press, Boca Raton, FL, USA, 319-337.

PASTOR, F.J., GUARRO, J. (2008) Alternaria infections: laboratory diagnosis and relevant clinical features. Clin Microbiol Infec, 14, 734-746.

PATHRE, S.V., FENTON, S.W., MIROCHA, C.J. (1980) 3'-Hydroxyzearalenones, 2 new metabolites produced by Fusarium roseum. J Agri Food Chem, 28, 421-424.

PERO, R.W., POSNER, H., BLOIS, M., HARVAN, D., SPALDING, J.W. (1973) Toxicity of metabolites produced by the "Alternaria". Environ Health Perspect, 4, 87-94.

PETERS, C.A. (1972) Photochemistry of zearalenone and its derivatives. J Med Chem, 15, 867-8.

PFEIFFER, E., BURKHARDT, B., ALTEMÖLLER, M., PODLECH, J., METZLER, M. (2008) Activities of human recombinant cytochrome P450 isoforms and human hepatic microsomes for the hydroxylation of Alternaria toxins. Mycotoxin Res, 24, 117-23.

PFEIFFER, E., ESCHBACH, S., METZLER, M. (2007a) Alternaria toxins: DNA strand-breaking activity in mammalian cells in vitro. Mycotoxin Res, 23, 152-157.

PFEIFFER, E., HERRMANN, C., ALTEMÖLLER, M., PODLECH, J., METZLER, M. (2009a) Oxidative in vitro metabolism of the Alternaria toxins altenuene and isoaltenuene. Mol Nutr Food Res, 53, 452-9.

PFEIFFER, E., HEYTING, A., METZLER, M. (2007b) Novel oxidative metabolites of the mycoestrogen zearalenone in vitro. Mol Nutr Food Res, 51, 867-71.

PFEIFFER, E., HILDEBRAND, A., DAMM, G., RAPP, A., CRAMER, B., HUMPF, H.U., METZLER, M. (2009b) Aromatic hydroxylation is a major metabolic pathway of the mycotoxin zearalenone in vitro. Mol Nutr Food Res, 53, 1123-33.

PFEIFFER, E., HILDEBRAND, A., MIKULA, H., METZLER, M. (2010a) Glucuronidation of zearalenone, zeranol and four metabolites in vitro: formation of glucuronides by various microsomes and human UDP-glucuronosyltransferase isoforms. Mol Nutr Food Res, 54, 1468-76.

PFEIFFER, E., HILDEBRAND, A.A., BECKER, C., SCHNATTINGER, C., BAUMANN, S., RAPP, A., GOESMANN, H., SYLDATK, C., METZLER, M. (2010b) Identification of an aliphatic epoxide and the corresponding dihydrodiol as novel congeners of zearalenone in cultures of Fusarium graminearum. J Agric Food Chem, 58, 12055-62.

PFEIFFER, E., KOMMER, A., DEMPE, J.S., HILDEBRAND, A.A., METZLER, M. (2011) Absorption and metabolism of the mycotoxin zearalenone and the growth promotor zeranol in Caco-2 cells in vitro. Mol Nutr Food Res, 55, 560-7.

PFEIFFER, E., SCHEBB, N.H., PODLECH, J., METZLER, M. (2007c) Novel oxidative in vitro metabolites of the mycotoxins alternariol and alternariol methyl ether. Mol Nutr Food Res, 51, 307-16.

PFEIFFER, E., SCHMIT, C., BURKHARDT, B., ALTEMÖLLER, M., PODLECH, J., METZLER, M. (2009c) Glucuronidation of the mycotoxins alternariol and alternariol-9-methyl ether in vitro: chemical structures of glucuronides and activities of human UDP-glucuronosyltransferase isoforms. Mycotoxin Res, 25, 3-10.

PFEIFFER, E., WEFERS, D., HILDEBRAND, A.A., FLECK, S.C., METZLER, M. (2013) Catechol metabolites of the mycotoxin zearalenone are poor substrates but potent inhibitors of catechol-O-methyltransferase. Mycotoxin Res, 29, 177-83.

PFOHL-LESZKOWICZ, A., CHEKIR-GHEDIRA, L., BACHA, H. (1995) Genotoxicity of zearalenone, an estrogenic mycotoxin: DNA adduct formation in female mouse tissues. Carcinogenesis, 16, 2315-20.

PLACINTA, C.M., D'MELLO, J.P.F., MACDONALD, A.M.C. (1999) A review of worldwide contamination of cereal grains and animal feed with Fusarium mycotoxins. Anim Feed Sci Tech, 78, 21-37.

POLLOCK, G.A., DISABATINO, C.E., HEIMSCH, R.C., COULOMBE, R.A. (1982a) The distribution, elimination, and metabolism of 14C-alternariol monomethyl ether. J Environ Sci Health B, 17, 109-24.

POLLOCK, G.A., DiSABATINO, C.E., HEIMSCH, R.C., HILBELINK, D.R. (1982b) The subchronic toxicity and teratogenicity of alternariol monomethyl ether produced by Alternaria solani. Food Chem Toxicol, 20, 899-902.

PRESS, B., DI GRANDI, D. (2008) Permeability for intestinal absorption: Caco-2 assay and related issues. Curr Drug Metab, 9, 893-900.

PREUSCH, P.C., SUTTIE, J.W. (1983) A chemical model for the mechanism of Vitamin K epoxide reductase. J Org Chem, 48, 3301-3305.

PRICHARD, D.L., HARGROVE, D.D., OLSON, T.A., MARSHALL, T.T. (1989) Effects of creep feeding, zeranol implants and breed type on beef production: I. Calf and cow performance. J Anim Sci, 67, 609-16.

RESTANI, P. (2008) Diffusion of mycotoxins in fruits and vegetables. In Barkai-Golan, R. and Paster, N. (eds), Mycotoxins in fruits and vegetables, Elsevier, San Diego, CA, USA, Vol. 1, 105-113.

RICHARDSON, K.E., HAGLER, W.M., HAMILTON, P.B. (1984) Bioconversion of alpha-[C-14] zearalenol and beta-[C-14] zearalenol into [C-14] zearalenone by Fusarium roseum gibbosum. Appl Environ Microbiol, 47, 1206-1209.

SAEED, M., ROGAN, E., FERNANDEZ, S.V., SHERIFF, F., RUSSO, J., CAVALIERI, E. (2007) Formation of depurinating N3Adenine and N7Guanine adducts by MCF-10F cells cultured in the presence of 4-hydroxyestradiol. Int J Cancer, 120, 1821-4.

SAEED, M., ZAHID, M., ROGAN, E., CAVALIERI, E. (2005) Synthesis of the catechols of natural and synthetic estrogens by using 2-iodoxybenzoic acid (IBX) as the oxidizing agent. Steroids, 70, 173-8.

SAENZ DE RODRIGUEZ, C.A. (1984) Environmental hormone contamination in Puerto Rico. N Engl J Med, 310, 1741-2.

SAENZ DE RODRIGUEZ, C.A., BONGIOVANNI, A.M., CONDE DE BORREGO, L. (1985) An epidemic of precocious development in Puerto Rican children. J Pediatr, 107, 393-6.

SAHA, D., FETZNER, R., BURKHARDT, B., PODLECH, J., METZLER, M., DANG, H., LAWRENCE, C., FISCHER, R. (2012) Identification of a polyketide synthase required for alternariol (AOH) and alternariol-9-methyl ether (AME) formation in Alternaria alternata. PLoS One, 7, 1-14.

SANDBERG, A.A., SLAUNWHITE, W.R., Jr. (1957) Studies on phenolic steroids in human subjects. II. The metabolic fate and hepato-biliary-enteric circulation of C14-estrone and C14-estradiol in women. J Clin Invest, 36, 1266-78.

SAUER, D.B., SEITZ, L.M., BURROUGHS, R., MOHR, H.E., WEST, J.L., MILLERET, R.J., ANTHONY, H.D. (1978) Toxicity of Alternaria metabolites found in weathered sorghum grain at harvest. J Agric Food Chem, 26, 1380-93.

SCF (2000) Opinion of the Scientific Committee on Food on Fusarium toxins Part 2: zearalenone (ZEA). http://www.google.de/url?sa=t&rct=j&q=&esrc=s&source=web&cd=1&ved=0CDcQFjAA&url=http%3A%2F%2Fec.europa.eu%2Ffood%2Ffs%2Fsc%2Fscf%2Fout65_en.pdf&ei=fTpJUqCdIIjW4gSrxIGYDw&usg=AFQjCNEcbJ4qkIS2YoEFjMDLVtX6OOVGkA&bvm=bv.53217764,d.bGE.

SCHRADER, T.J., CHERRY, W., SOPER, K., LANGLOIS, I. (2006) Further examination of the effects of nitrosylation on Alternaria alternata mycotoxin mutagenicity in vitro. Mutat Res-Gen Tox En, 606, 61-71.

SCHRADER, T.J., CHERRY, W., SOPER, K., LANGLOIS, I., VIJAY, H.M. (2001) Examination of Alternaria alternata mutagenicity and effects of nitrosylation using the Ames Salmonella Test. Teratogen Carcin Mut, 21, 261-274.

SCHULTZE-WERNINGHAUS, G. (2011) Allergische Atemwegs- und Lungenerkrankungen durch Schimmelpilze. Umweltmed Forsch Prax, 16, 74-78.

SCHWARZ, C., TIESSEN, C., KREUTZER, M., STARK, T., HOFMANN, T., MARKO, D. (2012) Characterization of a genotoxic impact compound in Alternaria alternata infested rice as altertoxin II. Arch Toxicol, 86, 1911-25.

SCOTT, P., KANHERE, S. (2001) Stability of Alternaria toxins in fruit juices and wine. Mycotoxin Res, 17, 9-14.

SCOTT, P.M. (1997) Multi-year monitoring of Canadian grains and grain-based foods for trichothecenes and zearalenone. Food Addit Contam, 14, 333-9.

SCOTT, P.M., STOLTZ, D.R. (1980) Mutagens produced by Alternaria alternata. Mutat Res, 78, 33-40.

SHELANSKI, M.L., GASKIN, F., CANTOR, C.R. (1973) Microtubule assembly in the absence of added nucleotides. Proc Natl Acad Sci U S A, 70, 765-8.

SHIGEURA, H.T., GORDON, C.N. (1963) The biological activity of tenuazonic acid. Biochemistry, 2, 1132-1137.

SHIN, B.S., HONG, S.H., BULITTA, J.B., HWANG, S.W., KIM, H.J., LEE, J.B., YANG, S.D., KIM, J.E., YOON, H.S., KIM DO, J., YOO, S.D. (2009) Disposition, oral bioavailability, and tissue distribution of zearalenone in rats at various dose levels. J Toxicol Environ Health A, 72, 1406-11.

SIBBALD, B. (1999) European ban on bovine growth hormones should continue: expert. CMAJ, 161, 677.

SMITH, E., FREDRICKSON, T., HADIDIAN, Z. (1968) Toxic effects of the sodium and the N, N'-dibenzylethylenediamine salts of tenuazonic acid (NSC-525816 and NSC-82260). Cancer Chemoth Rep 1, 52, 579-585.

SONG, R.X., FAN, P., YUE, W., CHEN, Y., SANTEN, R.J. (2006) Role of receptor complexes in the extranuclear actions of estrogen receptor alpha in breast cancer. Endocr Relat Cancer, 13 Suppl 1, S3-S13.

STACK, D.E., BYUN, J., GROSS, M.L., ROGAN, E.G., CAVALIERI, E.L. (1996) Molecular characteristics of catechol estrogen quinones in reactions with deoxyribonucleosides. Chem Res Toxicol, 9, 851-9.

STACK, M.E., MAZZOLA, E.P. (1989) Stemphyltoxin III from Alternaria alternata. J Nat Prod, 52, 426-7.

STACK, M.E., MAZZOLA, E.P., PAGE, S.W., POHLAND, A.E., HIGHET, R.J., TEMPESTA, M.S., CORLEY, D.G. (1986) Mutagenic perylenequinone metabolites of Alternaria alternata: altertoxins I, II, and III. J Nat Prod, 49, 866-71.

STACK, M.E., PRIVAL, M.J. (1986) Mutagenicity of the Alternaria metabolites altertoxins I, II, and III. Appl Environ Microbiol, 52, 718-22.

STARCEVIC, D., DALAL, S., SWEASY, J.B. (2004) Is there a link between DNA polymerase beta and cancer? Cell Cycle, 3, 998-1001.

STEELE, J.A., LIEBERMAN, J.R., MIROCHA, C.J. (1974) Biogenesis of Zearalenone (F-2) by Fusarium-Roseum Graminearum. Can J Microbiol, 20, 531-534.

STEVENSON, D.E., HANSEN, R.P., LOADER, J.I., JENSEN, D.J., COONEY, J.M., WILKINS, A.L., MILES, C.O. (2008) Preparative enzymatic synthesis of glucuronides of zearalenone and five of its metabolites. J Agric Food Chem, 56, 4032-8.

STEYN, P.S., RABIE, C.J. (1976) Characterization of magnesium and calcium tenuazonate from Phoma sorghina. Phytochemistry, 15, 1977-1979.

STINSON, E.E. (1985) Mycotoxins - Their biosynthesis in Alternaria. J Food Protect, 48, 80-91.

STINSON, E.E., OSMAN, S.F., HEISLER, E.G., SICILIANO, J., BILLS, D.D. (1981) Mycotoxin production in whole tomatoes, apples, oranges, and lemons. J Agric Food Chem, 29, 790-2.

STOB, M., BALDWIN, R.S., TUITE, J., ANDREWS, F.N., GILLETTE, K.G. (1962) Isolation of an anabolic, uterotrophic compound from corn infected with Gibberella zeae. Nature, 196, 1318.

STOUT, J.T., CASKEY, C.T. (1985) HPRT: gene structure, expression, and mutation. Annu Rev Genet, 19, 127-48.

STREIT, E., SCHWAB, C., SULYOK, M., NAEHRER, K., KRSKA, R., SCHATZMAYR, G. (2013) Multi-mycotoxin screening reveals the occurrence of 139 different secondary metabolites in feed and feed ingredients. Toxins (Basel), 5, 504-23.

SUNDLOF, S.F., STRICKLAND, C. (1986) Zearalenone and zeranol - Potential residue problems in livestock. Vet Hum Toxicol, 28, 242-250.

SZUETS, P., MESTERHAZY, A., FALKAY, G., BARTOK, T. (1997) Early telarche symptoms in children and their relations to Zearalenon contamination in foodstuffs. Cereal Res Commun, 25, 429-436.

TAKEMURA, H., SHIM, J.Y., SAYAMA, K., TSUBURA, A., ZHU, B.T., SHIMOI, K. (2007) Characterization of the estrogenic activities of zearalenone and zeranol in vivo and in vitro. J Steroid Biochem Mol Biol, 103, 170-7.

TERMINIELLO, L., PATRIARCA, A., POSE, G., FERNANDEZ PINTO, V. (2006) Occurrence of alternariol, alternariol monomethyl ether and tenuazonic acid in Argentinean tomato puree. Mycotoxin Res, 22, 236-40.

THOMMA, B.P. (2003) Alternaria spp.: from general saprophyte to specific parasite. Mol Plant Pathol, 4, 225-36.

TIEMANN, U., TOMEK, W., SCHNEIDER, F., MÜLLER, M., POHLAND, R., VANSELOW, J. (2009) The mycotoxins alternariol and alternariol methyl ether negatively affect progesterone synthesis in porcine granulosa cells in vitro. Toxicol Lett, 186, 139-45.

TIESSEN, C., FEHR, M., SCHWARZ, C., BAECHLER, S., DOMNANICH, K., BOTTLER, U., PAHLKE, G., MARKO, D. (2013) Modulation of the cellular redox status by the Alternaria toxins alternariol and alternariol monomethyl ether. Toxicol Lett, 216, 23-30.

TOGASHI, K., KAKEYA, H., MORISHITA, M., SONG, Y.X., OSADA, H. (1998) Inhibition of human telomerase activity by alterperylenol. Oncol Res, 10, 449-53.

TOURNAS, V.H., STACK, M.E. (2001) Production of alternariol and alternariol methyl ether by Alternaria alternata grown on fruits at various temperatures. J Food Prot, 64, 528-32.

UENO, Y., AYAKI, S., SATO, N., ITO, T. (1977) Fate and mode of action of zearalenone. Ann Nutr Aliment, 31, 935-48.

UENO, Y., TASHIRO, F. (1981) alpha-Zearalenol, a major hepatic metabolite in rats of zearalenone, an estrogenic mycotoxin of Fusarium species. J Biochem, 89, 563-71.

VAN BREEMEN, R.B., LI, Y. (2005) Caco-2 cell permeability assays to measure drug absorption. Expert Opin Drug Metab Toxicol, 1, 175-85.

WANG, Z., CHANDRASENA, E.R., YUAN, Y., PENG, K.W., VAN BREEMEN, R.B., THATCHER, G.R., BOLTON, J.L. (2010) Redox cycling of catechol estrogens generating apurinic/apyrimidinic sites and 8-oxo-deoxyguanosine via reactive oxygen species differentiates equine and human estrogens. Chem Res Toxicol, 23, 1365-73.

WANG, Z., WIJEWICKRAMA, G.T., PENG, K.W., DIETZ, B.M., YUAN, L., VAN BREEMEN, R.B., BOLTON, J.L., THATCHER, G.R. (2009) Estrogen receptor α enhances the rate of oxidative DNA damage by targeting an equine estrogen catechol metabolite to the nucleus. J Biol Chem, 284, 8633-42.

WEAVER, G.A., KURTZ, H.J., BEHRENS, J.C., ROBISON, T.S., SEGUIN, B.E., BATES, F.Y., MIROCHA, C.J. (1986) Effect of zearalenone on dairy cows. Am J Vet Res, 47, 1826-1828.

WEN, W., REN, Z., SHU, X.O., CAI, Q., YE, C., GAO, Y.T., ZHENG, W. (2007) Expression of cytochrome P450 1B1 and catechol-O-methyltransferase in breast tissue and their associations with breast cancer risk. Cancer Epidemiol Biomarkers Prev, 16, 917-20.

WTO (2009) World Trade Organization - Memorandum of Understanding between the United States of America and the European Commission regarding the importation of beef from animals not treated with certain growth-promoting hormones and increased duties applied by the United States to certain products of the European Communities. WT/DS26/28, http://trade.ec.europa.eu/doclib/html/145357.htm.

YEE, S. (1997) In vitro permeability across Caco-2 cells (colonic) can predict in vivo (small intestinal) absorption in man - fact or myth. Pharm Res, 14, 763-6.

YEKELER, H., BITMIS, K., OZCELIK, N., DOYMAZ, M.Z., CALTA, M. (2001) Analysis of toxic effects of Alternaria toxins on esophagus of mice by light and electron microscopy. Toxicol Pathol, 29, 492-7.

ZHAO, J., LIU, K., LU, J., MA, J., ZHANG, X., JIANG, Y., YANG, H., JIN, G., ZHAO, G., ZHAO, M., DONG, Z. (2012) Alternariol induces DNA polymerase beta expression through the PKA-CREB signaling pathway. Int J Oncol, 40, 1923-8.

ZHEN, Y.Z., XU, Y.M., LIU, G.T., MIAO, J., XING, Y.D., ZHENG, Q.L., MA, Y.F., SU, T., WANG, X.L., RUAN, L.R., ET AL. (1991) Mutagenicity of Alternaria alternata and Penicillium cyclopium isolated from grains in an area of high incidence of oesophageal cancer - Linxian, China. IARC Sci Publ, 253-7.

ZHU, B.T., CONNEY, A.H. (1998a) Functional role of estrogen metabolism in target cells: review and perspectives. Carcinogenesis, 19, 1-27.

ZHU, B.T., CONNEY, A.H. (1998b) Is 2-methoxyestradiol an endogenous estrogen metabolite that inhibits mammary carcinogenesis? Cancer Res, 58, 2269-77.

ZHU, B.T., LIEHR, J.G. (1994) Quercetin increases the severity of estradiol-induced tumorigenesis in hamster kidney. Toxicol Appl Pharmacol, 125, 149-58.

ZHU, B.T., LIEHR, J.G. (1996) Inhibition of catechol O-methyltransferase-catalyzed O-methylation of 2- and 4-hydroxyestradiol by quercetin. Possible role in estradiol-induced tumorigenesis. J Biol Chem, 271, 1357-63.

ZHU, H., HE, W., ZHAO, G.-q., WANG, S.-c. (2005) Study on the mutation of DNA polymerase β affected by alternariol. J Henan Medical College, 2, 007.

ZÖLLNER, P., JODLBAUER, J., KLEINOVA, M., KAHLBACHER, H., KUHN, T., HOCHSTEINER, W., LINDNER, W. (2002) Concentration levels of zearalenone and its metabolites in urine, muscle tissue, and liver samples of pigs fed with mycotoxin-contaminated oats. J Agric Food Chem, 50, 2494-501.

Anhang

(a) Ergänzende Werte zum HPRT-Genmutationstest in V79-Zellen

Tab. 21: Einfluss der *Alternaria*-Toxine auf die Lebendzellzahl und die Koloniebildungsfähigkeit nach 24 h Inkubation (rPE1) sowie zum Zeitpunkt der Selektion (rPE2) im HPRT-Genmutationstest in V79-Zellen. Die Mutantenfrequenz ergibt sich aus der Anzahl der 6-Thioguanin-resisenten Kolonien pro 10^6 koloniebildende Zellen. Dargestellt sind die Mittelwerte ± Standardabweichung aus je mindestens drei unabhängigen Experimenten. [a] Mittelwert ± Range/2 aus zwei unabhängigen Experimenten; [b] Mittelwert ± Standardabweichung aus drei Werten innerhalb eines Experiments.

Substanz	Konz. [µM]	Lebendzellzahl [%]	rPE1 [%]	rPE2 [%]	Mutantenfrequenz [Mutanten/ 10^6 Zellen]
ATX II	c	100,0 ± 19,4	100	100	13,4 ± 7,2
	0,1	96,3 ± 19,2	97,5 ± 4,8	98,2 ± 10,6	13,3 ± 3,2
	0,25	90,9 ± 20,6	85,8 ± 6,3	90,9 ± 10,4	55,7 ± 9,1
	0,5	84,6 ± 14,3	46,0 ± 6,3	95,7 ± 13,4	122,3 ± 17,8
	0,75	70,9 ± 23,3	17,9 ± 4,7	92,0 ± 11,2	136,5 ± 9,2
STTX III	c	100,0 ± 9,0	100	100	14,4 ± 5,2
	0,1	93,5 ± 2,8	91,0 ± 6,4	108,2 ± 11,7	14,3 ± 3,1
	0,25	87,4 ± 7,3	64,7 ± 6,2	96,1 ± 10,8	34,3 ± 2,9
	0,5	77,1 ± 6,1	26,4 ± 15,1	104,0 ± 12,1	60,3 ± 19,3
	0,75	59,2 ± 21,9	12,1 ± 7,3	101,8 ± 5,2	49,7 ± 24,8
ATX III	c	100,0 ± 29,8	100	100	9,0 ± 6,0[a]
	0,25	73,9	69,8 ± 1,2[b]	103,8 ± 7,1[b]	10,0 ± 4,0[b]
	0,5	68,6 ± 9,2[a]	17,2 ± 3,0[a]	104,6 ± 6,6[a]	8,0 ± 1,0[b]
	0,75	77,1	9,7 ± 0,9[b]	93,1 ± 1,2[b]	4,0 ± 3,0[b]
ATX I	c	100,0 ± 33,8	100	100	14,5 ± 4,0
	5	65,9 ± 33,2[a]	77,2 ± 1,1[a]	97,1 ± 7,9[a]	22,5 ± 11,5[a]
	10	70,8 ± 47,8[a]	52,0 ± 32,8[a]	95,0 ± 3,0[a]	4,0 ± 1,0[a]
AOH	c	100	100	100	7 ± 6[b]
	10	52,3	9,7 ± 1,1[b]	86,0 ± 2,4[b]	33 ± 5[b]
NQO	c	100,0 ± 19,4	100	100	13,4 ± 7,2
	0,5	89,0 ± 4,8	91,7 ± 2,5	96,3 ± 11,1	169,0 ± 9,6
Spontan	-	-	-	-	10,5 ± 2,5[a]

(b) Einfluss von *Alternaria*-Toxinen auf den Zellzyklus

Tab. 22: Zellzyklusverteilung in V79-Zellen nach 24 h Inkubation mit ATX II, STTX III, ATX III, ATX I, AOH und NQO. Dargestellt sind die Mittelwerte ± Standardabweichung aus je mindestens drei unabhängigen Experimenten. [a] Mittelwert ± Range/2 aus zwei unabhängigen Experimenten; [b] Mittelwert ± Standardabweichung aus drei Werten innerhalb eines Experiments.

Substanz	Konzentration [μM]	Zellzyklusverteilung [%]		
		G1/G0	S	G2/M
ATX II	c	55,5 ± 1,9	27,7 ± 2,0	16,9 ± 1,7
	0,1	52,8 ± 0,2	28,7 ± 1,9	18,4 ± 2,1
	0,25	54,2 ± 1,4	29,4 ± 2,3	16,4 ± 1,4
	0,5	51,5 ± 2,7	28,0 ± 2,3	20,6 ± 2,4
	0,75	43,5 ± 10,8	33,0 ± 8,1	23,6 ± 2,6
STTX III	c	54,0 ± 1,9	29,6 ± 2,9	16,4 ± 1,1
	0,1	53,7 ± 1,8	29,9 ± 3,9	16,4 ± 2,2
	0,25	53,1 ± 1,5	30,4 ± 2,3	16,5 ± 1,1
	0,5	49,3 ± 3,2	32,7 ± 4,1	18,0 ± 2,1
	0,75	47,9 ± 3,9	33,6 ± 4,4	18,5 ± 0,4
ATX III	c	59,3 ± 3,9	25,8 ± 2,2	14,9 ± 1,8
	0,25	52,1 ± 0,8[b]	30,1 ± 0,8[b]	17,8 ± 0,7[b]
	0,5	59,8 ± 1,8[a]	25,3 ± 1,3[a]	14,9 ± 0,4[a]
	0,75	53,7 ± 2,0[b]	29,3 ± 1,0[b]	17,0 ± 1,4[b]
ATX I	c	50,5 ± 4,3	32,4 ± 3,0	17,1 ± 2,1
	5	44,4 ± 4,9[a]	37,0 ± 2,6[a]	18,7 ± 2,3[a]
	10	41,9 ± 12[a]	31,3 ± 6,1[a]	26,9 ± 5,6[a]
AOH	c	57,9 ± 1,6[b]	26,9 ± 1,8[b]	15,2 ± 0,6[b]
	10	9,8 ± 2,1[b]	30,3 ± 5,7[b]	59,8 ± 4,0[b]
NQO	c	55,5 ± 1,9	27,7 ± 2,0	16,9 ± 1,7
	0,5	53,2 ± 0,6	27,8 ± 3,1	19,0 ± 3,6

(c) Eigenfluoreszenz von fixierten V79-Zellen nach Behandlung mit *Alternaria*-Toxinen

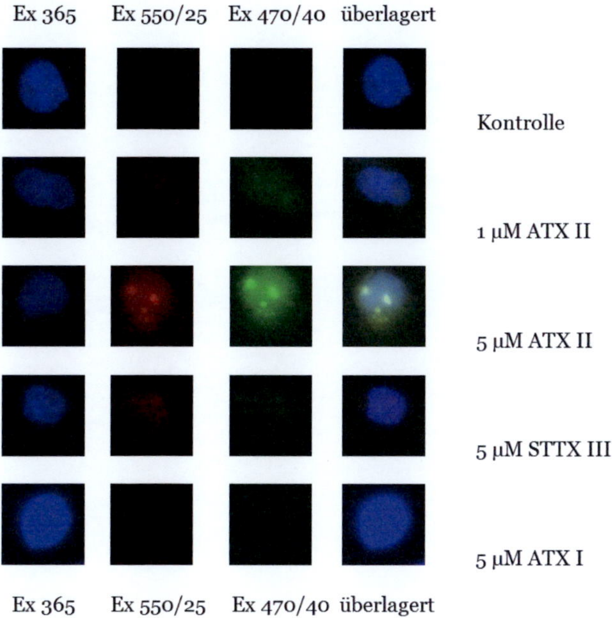

Abb. 39: Fluoreszenzmikroskopische Aufnahmen von fixierten und mit DAPI gefärbten V79-Zellen, die zuvor 1 h mit den angegebenen Konzentrationen an *Alternaria*-Toxinen inkubiert wurden. Filter 1, Ex G 365, Em BP 445/50; Filter 2, Ex BP 550/25, Em BP 605/70, Filter 3, Ex BP 470/40, Em BP 525/50.

(d) Reparatur von durch *Alternaria*-Toxinen induzierten DNA-Schäden in HepG2-Zellen

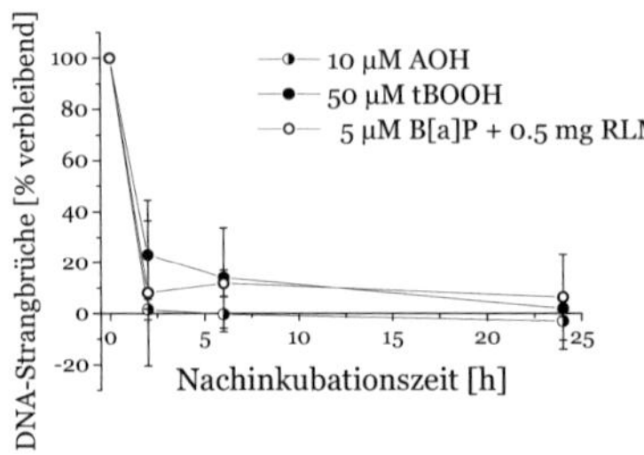

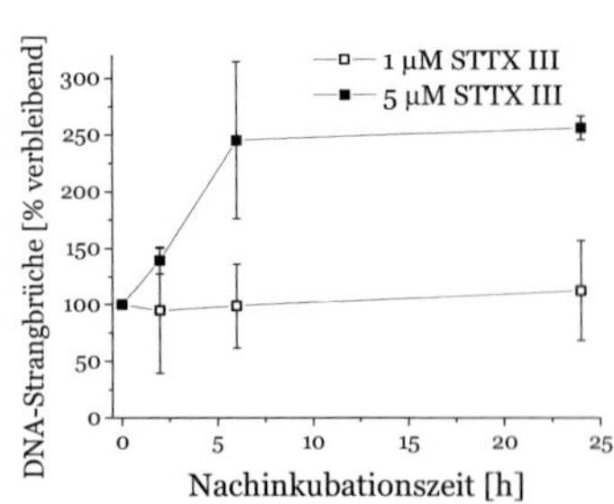

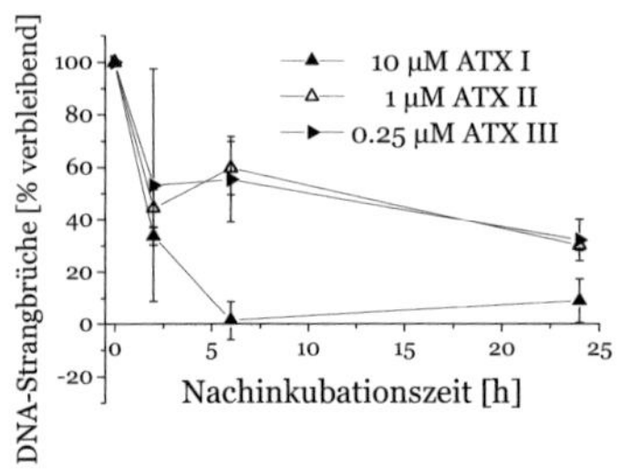

Abb. 40: Reparatur der durch AOH, tert-Butylhydroperoxid (tBOOH), metabolisch aktiviertem Benz[a]pyren (B[a]P, 0,5 mg Rattenlebermikrosomen (RLM)), ATX I, ATX II, ATX III und STTX III induzierten DNA-Strangbrüchen in HepG2-Zellen. 1,7 x 10^5 HepG2-Zellen wurden 1,5 h inkubiert und die induzierten DNA-Schäden direkt nach der Inkubationszeit oder durch zusätzliche Nachinkubation mit substanzfreiem Medium nach 2, 6 und 24 h bestimmt. Dargestellt sind die Mittelwerte ± Standardabweichung aus je mindestens drei unabhängigen Experimenten.

(e) Genotoxische Wirkung von Altensuin und Induktion von oxidativen DNA-Schäden durch verschiedene *Alternaria*-Toxine

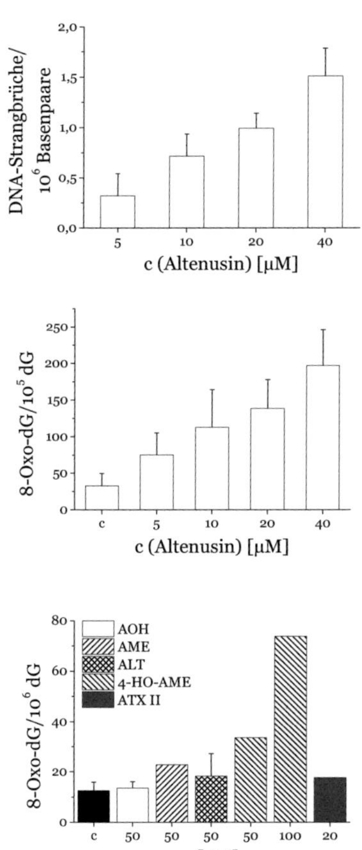

Abb. 41: Genotoxische Wirkung von Altenusin und weiterer *Alternaria*-Toxine. Links oben : Induktion von DNA-Strangbrüchen in V79-Zellen. 1,5 x 10^5 Zellen wurden 3 h mit Altenusin inkubiert und aufgrund der Instabilität die entsprechende Konzentration nach 1 und 2 h nachdosiert. Rechts oben: Induktion von 8-Oxo-dG in Kalbsthymus-DNA durch Altenusin. Unten: Induktion von 8-Oxo-dG in Kalbsthymus-DNA durch weitere *Alternaria*-Toxine. Dargestellt sind die Mittelwerte ± Standardabweichung aus je mindestens drei unabhängigen Experimenten bzw. Einzelbestimmungen aus einem Experiment.

(f) GST- und EH-Aktivität von V79- und HepG2-Zellen

V79-Zellen und HepG2-Zellen wurden auf ihre GST- und EH-Aktivität untersucht. Die Bestimmung der GST-Aktivität erfolgte photometrisch bei 340 nm durch Bildung des Thioether-Konjugats von 1-Chloro-2,4-dinitrobenzol (CDNB) mit GSH (Habig *et al.*, 1974). Zur Ermittlung der EH-Aktivität wurde 4-Nitro-(2S, 3S)-2,3-epoxy-3-phenylpropyl-carbonat (S-NEPC) als Substrat eingesetzt und die Bildung von 4-Nitrophenol mittels HPLC-Analyse bestimmt (Dietze *et al.*, 1994).

Tab. 23: Aktivitäten der Glutathion-*S*-Transferase (GST) und Epoxidhydrolase (EH) in V79- und HepG2-Zellen ausgedrückt in nmol/(mg Protein x min).

	GST	EH
V79	$7,3 \pm 0,6$[a]	$4,9 \pm 0,3$
HepG2	$2,0 \pm 0,0$	$8,7 \pm 1,7$

Publikationsliste

Publikationen in Fachzeitschriften

Fleck, S.C., Hildebrand, A.A., Pfeiffer, E., Metzler, M. (2012). Catechol metabolites of zeranol and 17ß-estradiol: A comparative *in vitro* study on the induction of oxidative DNA damage and methylation by catechol-*O*-methyltransferase. Toxicology Letters, 210, 9-14.

Fleck, S.C., Burkhardt, B., Pfeiffer, E., Metzler, M. (2012). *Alternaria* toxins: Altertoxin II is a much stronger mutagen and DNA strand breaking mycotoxin than alternariol and its methyl ether in cultured mammalian cells. Toxicology Letters, 214, 27-32.

Fleck, S.C., Hildebrand A.A., Müller, E., Pfeiffer, E., Metzler, M. (2012). Genotoxicity and inactivation of catechol metabolites of the mycotoxin zearalenone. Mycotoxin Research, 28, 267-273.

Pfeiffer, E., Wefers, D., Hildebrand, A.A., Fleck, S.C., Metzler, M. (2013). Catechol metabolites of the mycotoxin zearalenone are poor substrates but potent inhibitors of catechol-*O*-methyltransferase. Mycotoxin Research, 29, 177-183.

Fleck, S.C., Pfeiffer, E., Metzler, M. (2014). Permeation and metabolism of *Alternaria* mycotoxins with perylene quinone structure in cultured Caco-2 cells. Mycotoxin Research, 30, 17-23.

Fleck, S.C., Pfeiffer, E., Podlech, J., Metzler, M. (2014). Epoxide reduction to an alcohol: A novel metabolic pathway for perylene quinone-type *Alternaria* mycotoxins in mammalian cells. Chemical Research in Toxicology, 27, 247-253.

Beiträge auf Kongressen und Fachtagungen

2011

Fleck, S.C., Pfeiffer, E., Metzler, M. Redox cycling of catechol metabolites of the growth promotor zeranol and ist metabolite zearalanone generates 8-oxo-7,8-dihydro-2'-deoxyguanosine in calf thymus DNA. 77th Annual Meeting Deutsche Gesellschaft für Experimentelle und Klinische Pharmakologie und Toxikologie e.V., Frankfurt, 30.03.-01.04.2011. Naunyn-Schmiedeberg's Archives of Pharmacology, 383(1), 91-92.

Fleck, S.C., Pfeiffer, E., Metzler, M. Zeranol induces oxidative DNA damage after metabolic activation with liver microsomes. 33rd Mycotoxin Workshop, Freising, 30.05.-01.06.2011.

Fleck, S.C., Krüger, C.T., Pfeiffer, E., Metzler, M. Erfassung von oxidativen DNA-Schäden durch Catechole und Hydrochinone mittels LC-MS/MS in Kalbsthymus-DNA. 40. Deutscher Lebensmittelchemikertag, Halle/Saale, 12.-14.09.2011.

Fleck, S.C., Pfeiffer, E., Metzler, M. Oxidative DNA damage caused by catechol metabolites of the growth promotor zeranol compared to steroidal catechol estrogens. ToxNet Baden-Württemberg Symposium 2011, Konstanz, 13.10.2011.

2012

Fleck, S.C., Matanovic, Z., Pfeiffer, E., Metzler, M. Genotoxicity of various *Alternaria* mycotoxins alone and in a crude *Alternaria alternata* extract. 26. Tagung der Gesellschaft für Umwelt- und Mutationsforschung e.V., Mainz, 28.2.-02.03.2012.

Fleck, S.C., Pfeiffer, E., Metzler, M. Induction of oxidative damage in calf thymus DNA by the *Fusarium* mycotoxin zearalenone after metabolic activation with liver microsomes. 78th Annual Meeting Deutsche Gesellschaft für Experimentelle und Klinische Pharmakologie und Toxikologie e.V., Dresden, 20.03.-22.03.2012. Naunyn-Schmiedeberg's Archives of Pharmacology, 385(1), 27.

Fleck, S.C., Hildebrand, A.A., Müller, E., Pfeiffer, E., Metzler, M. Oxidative DNA-Schäden durch catecholische Metaboliten von Zearalenon und 17-beta-Estradiol. Vortrag im Rahmen der Regionaltagung Südwest der Lebensmittelchemischen Gesellschaft, Fachgruppe in der Gesellschaft Deutscher Chemiker, Kaiserslautern, 05.-06.03.2012.

Fleck, S.C., Hildebrand, A.A., Müller, E., Pfeiffer, E., Metzler, M. Formation, genotoxicity and inactivation of zearalenone catechol metabolites. 34th Mycotoxin Workshop, Braunschweig, 14.-16.05.2012.

Fleck, S.C., Castriglia, S., Matanovic, Z., Pfeiffer, E., Metzler, M. Isolierung und Strukturaufklärung verschiedener Sekundärmetaboliten aus *Alternaria sp.* 41. Deutscher Lebensmittelchemikertag, Münster, 09.-12.09.2012.

Fleck, S.C., Burkhardt, B., Payandeh, S., Pfeiffer, E., Metzler, M. Mutagenicity and genotoxicity of altertoxin II from *Alternaria alternata*. ToxNet Baden-Württemberg Symposium 2012, Karlsruhe, 23.11.2012.

2013

Fleck, S.C., Pfeiffer, E., Metzler, M. Absorption of *Alternaria* mycotoxins with a perylene quinone structure in Caco-2 cells. 79th Annual Meeting Deutsche Gesellschaft für Experimentelle und Klinische Pharmakologie und Toxikologie e.V., Halle/Saale, 05.-07.03.2013. Naunyn-Schmiedeberg's Archives of Pharmacology, 386(1), 22.

Fleck, S.C., Müller, K.G., Britsch, I., Pfeiffer, E., Metzler, M. Interaktion verschiedener *Alternaria*-Toxine mit der DNA: Unterschiede in der Induktion von Einzel- und Doppelstrangbrüchen. Regionaltagung Südwest der Lebensmittelchemischen Gesellschaft, Fachgruppe in der Gesellschaft Deutscher Chemiker, Karlsruhe, 19.-20.03.2013.

Fleck, S.C., Pfeiffer, E., Metzler, M. New insights into the toxicological effects of altertoxin II from *Alternaria alternata*. Vortrag im Rahmen des 35th Mycotoxin Workshop, Gent, Belgien, 22.-24.05.2013.

Pfeiffer, E., Fleck, S.C., Wefers, D., Hildebrand, A.A., Metzler, M. Inhibition of catechol-*O*-methyltransferase by genotoxic catechol metabolites of zearalenone. 35th Mycotoxin Workshop, Gent, Belgien, 22.-24.05.2013.

Fleck, S.C., Wefers, D., Hildebrand, A., Pfeiffer, E., Metzler, M. Genotoxicity and inhibition of catechol-*O*-methyltransferase by catechol metabolites of the mycotoxin zearalenone. Gordon Research Seminar on Mycotoxins and Phycotoxins, Easton, MA, USA, 15.-16.06.2013.

<u>Fleck, S.C.</u>, Pfeiffer, E., Metzler, M. Metabolism of altertoxin II from *Alternaria alternata*. Gordon Research Conference on Mycotoxins and Phycotoxins, Easton, MA, USA, 17.-21.06.2013.

Fleck, S.C., Pfeiffer, E., <u>Metzler, M.</u> *Alternaria* toxins: Novel aspects of genotoxicity and metabolism. Vortrag im Rahmen der Gordon Research Conference on Mycotoxins and Phycotoxins, Easton, MA, USA, 17.-21.06.2013.

<u>Pfeiffer, E.</u>, Fleck, S.C., Wefers, D., Hildebrand, A.A., Metzler, M. Inhibition of catechol-*O*-methyltransferase by genotoxic catechol metabolites of zearalenone. Gordon Research Conference on Mycotoxins and Phycotoxins, Easton, MA, USA, 17.-21.06.2013.

<u>Fleck, S.C.</u>, Pfeiffer, E., Metzler, M. Induktion und Reparatur von DNA-Strangbrüchen durch *Alternaria*-Toxine. 42. Deutscher Lebensmittelchemikertag, Braunschweig, 16.-18.09.2013.

<u>Fleck, S.C.</u>, Köberle, B., Pfeiffer, E., Metzler, M. Repair kinetics of DNA strand breaks induced by *Alternaria* mycotoxins. 2013 German-French DNA Repair Meeting on Epigenetics and Genome Integrity, Strasbourg-Illkrich, Frankreich, 7.-10.10.2013.

Danksagung

Die vorliegende Arbeit entstand in der Zeit von September 2010 bis November 2013 am Institut für Angewandte Biowissenschaften, Abteilung Lebensmittelchemie und Toxikologie des Karlsruher Instituts für Technologie (KIT) im Arbeitskreis von Herrn Prof. Dr. Dr. M. Metzler. Ich danke ihm herzlich für die Überlassung des Themas und die engagierte Betreuung meiner Arbeit. Weiterhin danke ich Frau Prof. Dr. Andrea Hartwig für die Unterstützung und für die Übernahme des Korreferats. Diese Arbeit wurde finanziell durch ein Stipendium der Graduiertenförderung des Landes Baden-Württemberg unterstützt. Ein besonderer Dank geht an Erika Pfeiffer für ihre Diskussionsbereitschaft, ihre immer hilfreiche Erfahrung bei Problemen aller Art und ihre Unterstützung bei der Fraktionierung. Vor allem danke ich Erika und Prof. Metzler zutiefst für ihre schicksalsentscheidenden Bemühungen, mich für die Diplomarbeit am Institut zu behalten. Für die gute Kooperation bei chemischen Fragen und die Durchführung der NMR-Experimente geht ein Dank an den Arbeitskreis von Prof. Dr. Joachim Podlech. Für die Zurverfügungstellung und Kultivierung der *Alternaria*-Stämme geht ein weiterer Dank an Dr. Marina Müller, sowie an die Arbeitskreise von Prof. Dr. Christoph Syldatk und Prof. Dr. Rolf Geisen. Ich danke den Studenten Silvio Castriglia, Zeljka Matanovic, Elisabeth Müller, Kathrin Müller und Irena Britsch für ihre gute Zusammenarbeit während ihrer wissenschaftlichen Abschlussarbeiten sowie Christopher Krüger für die Vorarbeit zur Bestimmung von 8-Oxo-dG. Den Mitarbeitern und Doktoranden des AK Prof. Metzler danke ich für die gute Zusammenarbeit im Labor, sowie den Mitarbeitern und Doktoranden der benachbarten Arbeitskreise um Prof. Bunzel und Prof. Hartwig für die zeitweilige Adoption und die unterhaltsamen Pausen. Ich bedanke mich zudem bei Iris Machiw und Anke Pelzer für die helfenden Hände in der Zellkultur, bei Britta Burkhardt für das Einlernen in die Geheimnisse des HPRT-Tests und bei Andreas Hildebrand für die handwerkliche Unterstützung. Sima Payandeh danke ich für die schönen Stunden in der Zellkultur, an die ich gerne zurückdenke.

Der größte Dank geht an meine Familie, die mir diesen Weg ermöglichte und an Georg für den seelischen Zuspruch.